水利工程施工管理与组织研究

任海民 著

北京工业大学出版社

图书在版编目（CIP）数据

水利工程施工管理与组织研究 / 任海民著 . — 北京：
北京工业大学出版社， 2022.8

ISBN 978-7-5639-8426-8

Ⅰ．①水… Ⅱ．①任… Ⅲ．①水利工程－施工管理－
研究②水利工程－施工组织－研究 Ⅳ．① TV512

中国版本图书馆 CIP 数据核字（2022）第 182265 号

水利工程施工管理与组织研究
SHUILI GONGCHENG SHIGONG GUANLI YU ZUZHI YANJIU

著　者： 任海民

责任编辑： 张　娇

封面设计： 知更壹点

出版发行： 北京工业大学出版社

　　　　　　（北京市朝阳区平乐园 100 号　邮编：100124）

　　　　　　010-67391722（传真）　　bgdcbs@sina.com

经销单位： 全国各地新华书店

承印单位： 唐山市铭诚印刷有限公司

开　　本： 710 毫米 ×1000 毫米　1/16

印　　张： 9

字　　数： 185 千字

版　　次： 2023 年 4 月第 1 版

印　　次： 2023 年 4 月第 1 次印刷

标准书号： ISBN 978-7-5639-8426-8

定　　价： 72.00 元

作者简介

任海民，山东省泰安市人，高级工程师。现工作单位为泰安市水利局水资源水土保持服务中心。常年从事水利工程监理和管理工作，参加了多项国家、省水利重点项目建设，拥有水利工程造价工程师、监理工程师及一级建造师职业资格，在《水利建设与管理》等刊物发表论文十余篇。目前主要从事水资源及工程管理工作。

前　　言

　　水利工程与社会和经济发展之间的联系十分密切。政府部门对水利工程的施工十分重视，大力兴修水利工程基础设施，改善生态环境，调节农业生产条件，推进区域经济的快速发展。此外，国家对水利工程建设也非常支持，每年会拨专款，除了用于一些大、中型的水利工程项目外，更多的是用于一些小型的水利工程项目。水利工程项目众多，若不认真管理，不定期检查养护，就会极易出现问题，威胁人们的生命和财产安全，妨碍经济发展。所以，不论水利工程施工的规模大小，都要谨慎管理，避免出现问题。

　　全书共八章。第一章为绪论，主要阐述了水资源与水利工程，水利工程建设的特点，水利工程的历史与现状，水利工程管理的地位、作用与优化建议等内容；第二章为水利工程施工组织设计，主要阐述了水利工程施工组织的原则、水利工程施工各阶段的组织任务、水利工程施工组织总设计等内容；第三章为水利工程施工管理现状，主要阐述了水利工程施工企业现状、水利工程施工现场现状等内容；第四章为水利工程施工质量管理，主要包括质量管理与质量控制、水利工程质量管理规定、水利工程质量事故分析、水利工程质量体系建立、水利工程施工质量评定等内容；第五章为水利工程施工成本管理，主要阐述了水利工程施工成本管理的基本任务、水利工程施工成本管理的方法、水利工程施工成本控制的类型及措施等内容；第六章为水利工程施工进度管理，主要包括施工进度计划概述、施工总进度计划的编制、水利工程施工进度拖延的原因及解决措施等内容；第七章为水利工程施工合同管理，主要阐述了水利工程施工合同管理的类型、水利工程施工合同的实施与管理、水利工程施工合同索赔管理等内容；第八章为水利工程施工安全与环境管理，主要阐述了水利工程施工安全管理和水利工程环境安全管理等内容。

　　为了确保研究内容的丰富性和多样性，笔者在写作过程中参考了大量理论与研究文献，在此向涉及的专家学者表示衷心的感谢。

　　最后，限于笔者水平，本书难免存在一些不足。在此，恳请读者朋友批评指正！

目　　录

第一章　绪论

施工管理是水利工程建设的重要环节之一，直接影响着水利工程的顺利进行以及工程质量。本章分为四部分：水资源与水利工程，水利工程建设的特点，水利工程的历史与现状，水利工程管理的地位、作用与优化建议。内容主要包括水资源、水利工程、水利工程建设的内涵、水利工程建筑产品特点、水利工程建筑施工特点、水利工程的历史、水利工程的现状等。

第一节　水资源与水利工程

一、水资源

（一）水资源的分布

1. 世界水资源

地球表面的 71% 被水覆盖，但淡水资源仅占所有水资源的 2.5%，近 70% 的淡水固定在南极和格陵兰的冰层中，其余多为土壤水分或深层地下水，不能被人类利用。地球上只有不到 1% 的淡水或约 0.007% 的水可被人类直接利用。

地球的储水量是很丰富的，共有 13.86 亿 km^3 之多。地球上的水，尽管数量巨大，而能直接被人们生产和生活利用的却少得可怜。按地区分布，巴西、俄罗斯、加拿大、中国、美国、印度尼西亚、印度、哥伦比亚和刚果（金）9 个国家的淡水资源占世界淡水资源的 60%。

随着世界经济的发展，人口不断增长，城市日渐增多和扩张，各地用水量不断增多。预计到 2025 年，世界上将会有 30 亿人面临缺水，40 个国家和地区淡水严重不足。

2. 中国水资源

目前，中国水资源总量为 2.8 万亿 m^3，居世界第 6 位。据监测，当前全国多数城市地下水都受到了一定程度的点状和面状污染，而且有逐年加重的趋势。日趋严重的水污染不仅降低了水体的使用功能，也进一步加剧了水资源短缺的矛盾，对我国正在实施的可持续发展战略带来了严重影响，严重威胁到城市居民的饮水安全和人民群众的健康。

据水利部门预测，2030 年中国人口将达到 16 亿，届时人均水资源量仅有 1 750 m³。在充分考虑节水的情况下，预计用水总量为 7 000 亿 ~ 8 000 亿 m³，要求供水能力比当前增长 1 300 亿 ~ 2 300 亿 m³，全国实际可利用水资源量接近合理利用水量上限，而且水资源开发难度极大。

若按人均水资源占有量这一指标来衡量，中国则仅占世界平均水平的 1/4。缺水状况在中国普遍存在，而且有不断加剧的趋势。

中国水资源总量虽然较多，但人均量并不丰富。水资源地区分布不均，水土资源组合不平衡；年内分配集中，年际变化大；连丰连枯年份比较突出；河流的泥沙淤积严重。这些特点造成了中国容易发生水旱灾害，这也决定了中国开发利用水资源、整治江河的任务十分艰巨。

（二）水资源开发现状及空间格局

1. 全球水资源利用空间格局分析

目前，全球可利用水资源总量大约为 54 241 km³，其中巴西的可利用水资源总量最高，为 8 647 km³；其次为俄罗斯，其可利用水资源总量为 4 525 km³；此外，美国为 3 069 km³，加拿大为 2 902 km³，中国为 2 840 km³。根据不同区域的分区进行统计，拉丁美洲和加勒比海地区的水资源最为丰富，其次为东亚、环太平洋地区、欧洲、中亚、北美洲，中亚和北非地区的水资源最为匮乏。

结合各个国家的人口数据，计算各个国家人均水资源量，用来反映水资源丰富程度。目前，冰岛、圭亚那、苏里南、刚果（金）、巴布亚新几内亚是 5 个人均水资源量靠前的国家。中上等收入国家的人均水资源总量最高，约为 29.1 km³，其次为高收入国家，人均水资源量为 24.5 km³，低收入国家的人均水资源总量最低，仅为 7.7 km3。按照不同地区进行统计，不同地区之间的水资源丰富程度相差较大，中东和北非地区的人均水资源总量最低，仅为 0.5 km³；拉丁美洲和加勒比海地区国家的人均水资源总量最高，高达 49.8 km³；其次为北美洲，人均水资源总量为 44.8 km³。

目前，全球水资源取水量 3 694.4 km³，其中，印度的取水量最高，为 761 km³；其后为中国（603 km³）、美国（485 km³）、巴基斯坦（184 km³）和伊朗（90

km³）。根据不同区域的分区进行统计，南亚的水资源利用总量最大，其次为东亚、环太平洋国家、北美洲、欧洲、中亚，撒哈拉以南非洲地区是取水量最少的地区。

关于水资源利用率，中东地区的水资源利用率普遍较高。阿拉伯联合酋长国、利比亚、也门、沙特阿拉伯、卡塔尔、埃及、以色列、叙利亚是水资源利用率较高的几个国家，其水资源利用率均大于100%，说明这些国家的水资源取水量远远大于可利用的水资源量，超过的水资源可能来源于海水淡化、地下水等。

不同大洲的水资源利用率差异较大。如果按照地区进行统计，中亚和北非地区的水资源利用率是最高的，水资源利用率高达78.8%；其次是南亚，水资源利用率为26.5%，北美洲的水资源利用率为8.8%，全球的水资源利用率大约为6.8%。撒哈拉以南非洲及拉丁美洲和加勒比海地区的水资源利用率较低，分别为1.9%和1.5%，而这两个地区正是贫困人口较为集中的地区。

按照不同收入类型统计各个收入类型国家的平均水资源利用率，高收入国家的平均水资源利用率为90.0%，中上等收入国家的平均水资源利用率为33.6%，中下等收入国家的水资源利用率为33.3%，而低收入国家的平均水资源利用率仅为3.6%。

2. 全球水能资源利用空间格局分析

相关资料显示，中国在2020年的水力发电量为7 779 060 GW·h，接下来的是巴西、加拿大、美国、俄罗斯。结合各个国家的人口数量，计算全球各个国家的人均水力发电量，可知冰岛、挪威、加拿大等三个国家的人均水力发电量最多。

不同的收入国家的年人均水力发电情况，其统计结果如下：高收入国家的年人均发电量最高为，从高收入国家到中上等收入、中下等收入、低收入国家的人均水力发电量依次下降。对于不同的区域而言，北美洲的人均水力发电量最高；其次为欧洲和中亚地区，年人均水力发电量。由于水资源的匮乏，中亚和北非的年人均水力发电量最少，第二低的地区是撒哈拉以南非洲。

世界各个国家的小水电开发比例结果如下：加拿大、瑞典、瑞士、塔吉克斯坦、哥斯达黎加、澳大利亚、加蓬等国家的小水电开发比例达到了100%。

在不同收入国家的对比中，高收入国家的小水电开发利用程度最高，从高收入国家到中上等收入国家、中下等收入国家和低收入国家，小水电的开发利用比重依次递减。由此可见，小水电开发的比重与国民经济的发展状况密切相关。北美洲是世界上小水电开发比重最高的地区，其次是欧洲、中亚地区，南亚地区和撒哈拉以南非洲地区小水电开发率比较低。

3. 全球水库建设空间差异分析

按照不同国家的收入情况进行统计，高收入国家的水库个数最多，其次为中上等收入国家，中下等收入和低收入国家的水库总数相对较少。从高收入到低收入国家，水库总数呈现出明显的递减趋势。按照不同的地区进行统计，分析其空间分布差异情况，北美洲的水库个数最多，其次为东亚和环太平洋地区。由于水资源的匮乏，中亚和北非的水库总数最小，南亚的水库个数也较少。

根据各国的陆地面积，计算各个国家的水库密度，用来表征各个国家的水库建设情况。其中，日本、瑞士、葡萄牙、韩国、西班牙是世界上水库密度较高的5个国家。

统计不同收入水平国家的水库密度情况，其中，高收入国家的平均水库密度最高，其次为中上等收入国家，中下等收入国家的平均水库密度较低，低收入国家的平均水库密度最低。

按照不同地区进行统计，其中，欧洲地区的水库密度最高；其次为环太平洋国家；由于水资源的匮乏，中亚和北非的水库密度是最低的；拉丁美洲和加勒比海地区、撒哈拉以南的非洲的水库密度也很低。水库密度在不同收入水平的国家中呈现出了从高收入至低收入国家逐渐递减的趋势，除了在水资源较为匮乏的中亚和北非地区，拉丁美洲和撒哈拉以南非洲的平均水库密度普遍处于较低的水平。

可以看出，欧洲、日本、韩国等地区或国家的单位河段长度水库数量显著偏高。其中，塞浦路斯、日本、瑞士、葡萄牙、瑞典的单位河段长度水库数量较高。

按照不同收入水平的国家进行分析，高收入国家的平均单位河段长度水库数量最高，中上等收入国家的平均单位河段长度水库数量次之，中下等收入国家的平均单位河段长度水库数量较低，而低收入国家的平均单位河段长度水库数量则最低。

按照世界不同的地区进行分析，欧洲和中亚地区的平均单位河段长度水库数量最高；其次为北美洲地区；由于水资源的匮乏，加工缺乏修建水库的条件，中亚和北非地区的单位河段水库数量最低；拉丁美洲和撒哈拉以南的非洲地区的平均单位河段长度的水库数量也很低。

津巴布韦、埃及、加纳、伊拉克、塔吉克斯坦、乌干达、叙利亚、坦桑尼亚的水库储水率均大于100%，即水库的库容大于可再生水资源总量。例如，津巴布韦的水库储水率为500%，水库库容大约为100 km³，远远大于津巴布韦的可利用水资源量 20 km³。这主要缘于津巴布韦拥有世界上蓄水非常大的水库——卡里巴水库。卡里巴水库最大库容高达 180 km³，用时 5 年才完成水库的蓄水工作。埃及、伊拉克等国家的高水库库容率是中亚和北非地区的水资源短缺造成的。

按照不同收入国家的情况进行统计，可以发现，低收入国家的平均水库储水率最高，其次为中下等收入国家，中上等收入国家的平均水库储水率相对较低，而高收入国家的水库储水率最低。

结合水库密度和水库数量分析，低收入国家的水库数量和水库密度都是最低的，但是这里的水库储水率反而最高，说明贫困国家建设的水库储水效果较好。但是结合水资源的利用率来看，其并没能很好地提高水资源的利用率。

按照不同的地区进行统计，中亚和北非地区的水库储水率较高；其次为撒哈拉以南非洲地区；再次是北美洲和欧洲；南亚的水库储水率最低，拉丁美洲的水库储水率与东亚和环太平洋地区相近。撒哈拉以南的非洲水库储水率较高，说明该地区的水库建设在储水方面成效显著，但是在真正的提高水资源利用率方面，仍然有较长的路要走。

（三）水资源开发的理论基础

1. 水资源管理理论

1980 年，我国开始关注水资源管理，很多学者开始研究水资源管理理论。早期的水资源管理研究只是很表面的，即将水资源管理的内容进行简单罗列，更具有价值的深层内容还没有涉及，并没有更深入地进行系统研究。

改革开放，第二产业飞速发展，工业废水大量排出，水资源遭到严重的污染，开始影响人们的生活，国家终于意识到水资源管理的重要性，水资源管理理论也渐渐得到完善。

水资源管理主体是国家政府部门，内容是对水资源的开发利用进行监督，在生态破坏前进行预防，在生态破坏后进行治理，目的是在经济发展和生态环境之间保持平衡。随着水资源管理的不断完善，现代水资源管理需要政府把水资源可持续发展放在首位，严厉打击对水资源的污染行为，将用水总量必须控制在一定范围内，要结合全国水资源的特点来进行规划。

2. 新公共管理理论

新公共管理并不是一个很明确的概念，而是一种新的行政模式，对于国外的行政改革有很大的影响。当传统的公共管理出现问题时，新公共管理的提出提供了一种新的思路，打破了旧理论的瓶颈。与传统理论相比，新的公共管理理论是一种创新，它以当代的西方经济学和工商管理学为基础，让市场价值成了重点而不是效率，这无疑是一种新的研究视角。

从另一方面来看，行政效率的提高也是新的公共管理方法带来的好处，促进了社会的可持续发展。新公共管理理论的内容有以下几点：明确了绩效标准、分离了公共管理与内部融合、强化了资源的利用。

3. 环境资源价值理论

环境资源价值理论是指合理有效地对环境进行价值计量，用环境成本的最小化来匹配生产的最大化。环境资源价值理论充分证明了环境资源的价值性，在生产和生活中具有指导意义。

一方面，它可以提高人们的节约和环保意识，让人们明白不节制地免费耗用资源是不行的；另一方面，可以让资源产品的价格趋于合理化，对于可以从生态环境中直接获取的资源，相关部门可以适当地提高价格，平衡资源和市场的关系，促进经济发展。

二战后，日本开始围海造地，取用海洋资源使经济开始飞速发展，代价就是海洋环境的严重污染，整个日本的近海海域受到了严重影响。后来，日本意识到了这一问题，积极修复被污染的海洋资源，虽然带来了一定的成效，但是想要恢复到原来的环境状况还需要长期的人力、物力、财力的投入。这种"环保错位"现象让我们明白，牺牲环境搞经济本身就是一种错误的行为，要正确地进行环境资源开发。

4. 可持续发展理论

可持续发展理论指的是人们在注重经济发展的时候也要保护生态，同时要为后代的发展考虑。随着经济的不断发展，可持续发展已经不单单只是为了保护环境了，而是将两者并行作为重点。我国的人口不断增长，而我国的资源分布不均，利用率低下，存在浪费现象，公众对于该理论的认识还有待提高。所以，我们要提高宣传力度，以减少污染和浪费行为。

"可持续发展理论"要求人类要注重生态平衡和社会公平，不能只注重数量而忽略质量，要改良传统的生产模式。高消耗、高污染的模型已经不适用了，我们要追求的是低消耗、高收益的模式。

（四）水资源的优化配置

在水资源生态经济系统之中，水资源是必不可少的一个部分。但目前该系统依旧面临许多矛盾，追根究底，是供需两者的矛盾。水资源具有有限性，但在经济发展过程中，需求呈不断增长趋势。为有效解决这个矛盾，需考虑以下两个方面：第一，开源节流，致力于创建节水型社会；第二，优化资源配置，对所有水资源进行统一管理和规划部署，有效提高水资源利用率。值得注意的是，水资源优化配置其实就是在相应的区域或者流域之中，将可持续发展作为基本原则，凭借各类有效措施，对包括水资源在内的各项资源进行整合，在所有用水资源相关部门及不同区域内做出合理分配，以此来推动经济、社会以及环境三者的共同发展。

水资源优化配置的基本功能涵盖两个方面：在需求方面，通过调整产业结构、建设节水型经济，抑制需水增长势头，确保和目前处于不利状态的水资源条件相符；就供给方面来说，需对所有竞争用水进行合理协调，严格进行管控，通过促使其天然时空分布发生变化的方式来和生产力布局相匹配。上述两个方面相互作用，以此来推动整个区域经济的长远健康发展。

1. 配置原则

①综合效益最大化原则。维护生态经济系统的协调发展，应当由宏观及微观两个方面入手，对和水资源有关的各项资源进行优化配置，在推动经济、环境以及社会共同发展的过程中取得最大化综合效益。

②可持续性原则。在促进经济发展的过程中也必须高度重视用水量，应始终维持在可承受范围内，不超出生态资源的更新水平，通过这种方式来实现可持续利用的重要目标。

③确保所在区域经济、自然、环境及社会这四个方面协同发展。对于人类社会来说，发展是始终在追求的，但若仅注重经济发展，面临的可能是日益严峻的生态环境形势。对当今社会来说，最优发展模式其实是多方面协调发展，并且确保水资源利用在合理范围内。

④对于水患防治以及水资源利用两个方面来说，必须最大限度地降低各类生活或生产垃圾的排放，不仅应确保不超出环境承受范围，同时还应维护水域功能并维持水资源清洁。

⑤在对水资源进行优化配置的过程中，需要和所在区域的自然条件、发展现状相匹配，结合当地实际情况以及未来发展布局，有计划、分阶段地进行配置。

⑥开源和节流有机结合。要达到水资源永续利用的目标就要尽快创建节水型社会，提倡日常生产与生活节约用水，这是未来发展的方向。只有在这两项措施有机结合的情况下，才可以有效提高可持续发展能力，为实现水资源永续利用提供保障。

2. 配置方式

水资源是一把双刃剑，能够对生态环境产生有利影响，推动社会与经济快速发展，但也能对环境产生负面影响，进而阻碍经济发展。

通过对水资源系统的发展过程进行分析，笔者认为在对水资源进行配置的过程中需要运用下述方式。

（1）初始型

人类社会初期，所有资源都通过自然进行分配，人类毫无主动权，日常生活必须依赖大自然的回馈。从生活资料方面来说，最初只是被动摄取，之后才开始按照自身意愿有选择性地摄取。如此便形成自发性资源配置，称不上资源配置。

（2）发展型

进入农业社会之后，在自然资源方面，人类开始具备相应的配置以及认知能力。古埃及、古代中国及古巴比伦等都意识到水资源的重要性，通过各种方式利用水资源，主要体现在开发各项水利灌溉工程，促进农业发展。尽管此时人类并未深层次地认识自然界，但在科技快速发展的前提下，有效提高了资源配置的效率。

（3）增长型

自工业革命爆发以来，水资源配置方式也有所改变，具有增长型的特征。为确保人口、工业化及经济等方面的需求得到充分满足，必须不断强化资源配置。因为资源产权制度存在一定差异，增长型资源配置尽管有利于促进经济发展，但加重了环境与资源的负担，造成了全球性的生态破坏，甚至对可持续发展产生了不利影响。

（4）协调型

由于增长型将带来严重后果，所以需要探讨可以促使社会、经济及环境共同发展的方式，由此便形成了协调型资源配置。其最基本的特征是对确保社会与经济发展需求得到满足的资源进行优化配置，同时应与资源、环境两者保持协调统一的关系，为可持续发展提供保障。由此可见，在实现可持续发展的过程中，协调型资源配置是一个最优方式。

3. 优化配置机理

（1）优化配置目标的度量与识别

资源的分配是可持续发展的基本问题。在不同地区、不同时间和不同层次的受益人之间，必须科学地分配各种生态资源。既要适应时代发展的需要，又要考虑可持续发展的要求；既要关注发达地区的实际发展需要，又要注意发展较慢的地区不能利用各种自然资源，确保资源的均衡分布。因此，在可持续发展的大背景下，水资源的合理分配是一个涉及多个方面的问题。

对可持续发展进行评估的指标包括下述四个方面。

①所在地区环境、经济以及社会的协调发展。为对其协调发展水平进行评估，一般在对水资源进行优化配置的过程中必须制定与之对应的环境、经济和社会三个方面的目标，从而用于评估各个目标相互间的协调发展水平以及竞争水平。

②短期和长期的协调发展。在对水资源优化配置方案进行分析的过程中，应充分考量其对环境、经济、社会这三个方面的短期与长期所造成的差异化影响，并通过分期考察的方式明确其对地区发展造成的影响。

③各个地区的协调发展。在设置水资源优化配置目标的过程中还需充分衡量地区结构这个因素，明确各个地区在环境、经济、社会这三个方面发展水平的不同。同时，应结合地区情况制定目标函数，以此来明确每个配置方案对每个地区所造成的差异化影响。

④在不同基层之中，发展效益在分配过程中应秉承公平原则。在设置目标函数时，必须尽量引入人均指标，以此来对各个区域与各个时间段内的人均指标进行比较。就水资源优化配置方面来看，当运用的开发策略有所差异时，极有可能造成相同区域城乡收入指标有所差异。对于一个地区来说，经济快速稳定发展是实现可持续发展的根本前提。在选择经济发展指标的过程中，运用最广泛的便是水资源利用净效益或 GDP。在促进经济发展的过程中，切不可忽视环境保护。对于水资源优化配置决策来说，在针对区域发展设置环境目标的过程中，主要运用化学需氧量（COD）及生化需氧量（BOD）两项指标。对于区域可持续发展方面来说，粮食人均占有量是一个重要的目标，能够解释当地农业生产布局、生产规模、水资源利用率，所以是评估社会和经济发展的综合指标。而在社会发展过程中，人均收入也是必不可少的目标，能够体现项目实际收益情况。

对上述目标进行分析发现，不同目标间都具有一定的竞争性。尤其是水资源有限的前提下，在环境、经济以及社会发展环节，水资源俨然是矛盾的中心。对水资源展开优化配置的过程中，不同目标彼此约束、相辅相成，内部关系非常复杂，当其中一个目标有所改变的情况下，极有可能会对其余目标造成影响。简单来说，在一个目标值有所增长的情况下，与之对应的其余目标值便将有所降低，这便是权衡率。在对水资源优化配置问题进行探讨的过程中，对权衡率进行分析有利于全面认识问题。

（2）优化配置中的平衡关系

在对水资源进行优化配置的过程中，所制定的目标是区域可持续发展，因此应确保平衡关系，如此才可说明优化配置方案行之有效。

①水资源量的需求与供给平衡。经研究发现，供水与需水两者都具有动态性特征，所以只能维持供需的动态平衡。

对需水进行分析，认为对其造成影响的核心因素包括经济结构、经济总量、部门用水效率。对供水进行分析，认为对其造成影响的核心因素包括调度策略、工程能力。当供水与需水都是变量的情况下，尽可能在相应期间、相应水平内维持平衡。在供大于求的时候，便会出现资金积压；在供不应求的时候，便会导致经济发展受阻。因此，在供不应求时，对各部门供水量进行调整会促使缺水损失有所差异，所以需及时发现科学的动态供需平衡策略，这也是对水资源进行优化配置过程中的一项核心任务。

②水环境的污染与治理平衡。和水资源供需情况相同，水资源治理以及污染同样处于不断变化之中，所以两者也同样处于动态平衡状态。对水资源进行分析发现，污染物基本源自下述两个方面：第一，当地排放；第二，随流而下。其中，前者的种类、总量和所在地区的经济水平、GDP、各部门产值排放率息息相关。就水资源治理来说，对其造成影响的核心因素包括污水厂的处理能力、经处理的污水回用率、污水处理率、污水处理级别。从治理和污染两个方面来看，动态平衡应涵盖下述基本内容：一是回用量、处理量和污水排放量的平衡；二是自然降解总量、去除总量和不同污染物排放总量的平衡。

一般来说，以上两个平衡相辅相成。对于所有水体而言，若是未达到相应的质，便无法达到相应的量，因为污染造成水质降低，则极有可能导致有效水资源量大幅降低。当然，经处理后符合回用标准的水也有利于提高有效供水量。所以在对水质和水量两者间的平衡进行探讨时，必须明确两者的相互影响以及相互转换。

③水投资的来源与分配。水投资主要指一部分运行管理费用以及建设资金，

其中涵盖水资源开发利用以及水资源治理等方面的费用。水投资主要源自两方面：一是国民经济各个部门的投资分配情况；二是总投资额的规模。水投资使用也包括两方面：一是开发利用；二是保护治理。对于水资源来说，来源和分配两者间的平衡主要是凭借水资源治理与污染之间的平衡、水量供需平衡两个方面达成的。对水资源来说，不论是开发利用，还是保护治理，都属于不可或缺的社会基础产业，存在明显的投资大、周期长的特征。所以，水资源优化策略得以全面贯彻落实很大程度上是因为水投资来源和分配两者间处于动态平衡关系。

二、水利工程

（一）水利工程的概念

水利工程无论是在防洪、发电中，还是在供水、排涝方面，又或者是在灌溉与航运中，都发挥着自身独树一帜的作用。水利工程可以有效抵御洪涝、干旱等自然灾害，对于改善自然环境、维护水资源安全发挥着重要的作用，对于工业生产、农业发展也有不可磨灭的贡献。水利工程需要建造各种类型的水利建筑，如水坝、堤坝、溢洪道、水闸、进出水口、廊道等，以实现其目标。

水利工程可按照其目的或用途进行分类，主要有如下八类。

①水力发电工程，将水能转变为电能进行利用。

②航道和港口工程，用来改善和优化航运条件。

③城市供排水工程，提供城市居民生活用水及工业生产用水，同时进行雨水及污水的收集与处理。

④水土保持工程，是为了防止水土流失。

⑤水环境修复工程，修复被污染的水源地。

⑥防洪工程，可以预防洪涝灾害。

⑦农田水利工程，主要为农业生产所需要的灌溉等提供服务。

⑧渔业工程，可以保护和促进渔业生产。

各类水利工程为城市及农村的各类用水提供了便利。如果一项水利工程可以同时提供灌溉、防洪、发电等服务，则可以称为综合利用水利工程。

（二）水利工程的重要性

在我国农业发展过程中，水是重要的资源。其中，三峡水利工程的重要性受到了全世界的认可，最主要的原因就是在工程建设管理过程中实现了权责的有效协调与发展。

近年来，我国农村经济体制的不断改革与发展，导致水利工程管理工作出现了各种问题，这也给水利工程的有效实施带来了一定难度。因此，新时期加强水利工程管理工作显得尤为重要。

结合当前我国水利工程的建设与发展现状来看，加强水利工程管理不仅可以有效解决农业灌溉问题，还可以提高我国农民的收益。

所以，相关企业及政府部门要高度重视水利工程的管理工作，严格按照相关工作制度进行施工与管理，科学落实好相关工作责任。只有这样，才能有效加强水利工程管理工作，全面提高水利工程建设质量。

（三）影响水利工程发展的因素

1. 气候与地形条件

受地理纬度、地形地貌和季风气候的影响，水土资源的分布不均匀。不同地区由于自然条件的差异，水利工程的作用、功能、类型和规模等都不相同。在各种自然条件中，对水利工程建设有着直接影响的就是气候和地形条件。

因降水量、地形地貌的差异，各区域的水利工程设施有所不同。平地是人口集中、耕地集中的区域，水利建设会比较多，水资源开发也会比较早。干旱的平地地区多采用的水利措施是筑土为堤，修建大大小小的塘堰，蓄积雨水，并将陂塘连接起来形成"长藤结瓜"式的蓄水方式，并使用"地龙"进行引水灌溉。滨水平地的水源丰富，因此多修建引水渠道，将湖泊的水引出，采用闸、渠、涵等形成水利灌溉网。

山地地形由于长期遭受强烈的侵蚀切割，次生河谷广泛发育，造就了良好的塘坝蓄水条件，利用山势结合渠、槽引水。这类地形的灌溉工程由于受到山体分割的限制，工程量并不大，但引水渠道的施工复杂，比如开凿山洞引水或横跨湖面引水。

2. 社会制度

社会制度的发展与水利建设是相互作用、相互影响的，社会政治制度对水利建设起着促进或制约的作用，水利建设的发展也会促进社会政治制度的发展和变化。中原地区在春秋战国时期就完成了奴隶制到封建制的转变，由于解放了生产力，劳动者的生产积极性得到了很大的提高。与之相较，边陲地区的转变就比较晚。人是生产力最主要的因素，我国古代农业水利发展史表明，各地区的水利发展，特别是农田水利的发展与人口的数量息息相关。

3. 水利技术

水利发展的核心是技术的发展。中原地区的水利建设的初创期为夏商周时期。该时期已有堤防工程和渠道工程，且具有一定的规模，但这些工程都是在地方独立存在的，互相之间并没有技术上的交流。

春秋时期至魏晋南北朝，社会动荡，社会制度发生变革，生产力得到解放，大型的水利建设特别是跨流域的水利建设不断兴起。芍陂、都江堰、引漳十二渠、郑国渠、灵渠均属于该时期的代表水利工程。水利科学基础理论的形成、大型灌区的兴建标志着水利建设的第一个高潮期，也是水利技术的发展时期。

隋唐宋时期是中原水利建设蓬勃发展和传统水利技术成熟的时期。灌溉工程在全国兴建，圩田兴建于滨湖和滨江低地，"御咸蓄淡"工程它山堰也是当时典型的灌溉工程。大运河是我国古代运河工程技术的高峰，升船机和各式船闸广泛应用于运河工程。埽工技术在宋代也已成熟。河流泥沙运动理论、对洪水特征和规律的认识在实践中得到印证。各式水工建筑物均趋于成熟和定型，滚水坝、减水闸是该时期水工建筑物的典型代表。

元明时期，中原地区的社会相对安定，出现动乱的时期较少。水利发展平缓，水利技术基本已发展完全，水工建筑物的种类完备，施工技术进一步规范化和标准化。该时期是水利技术和建设进一步深化的阶段，并往边疆地区进行普及。

清代的水利建设和技术基本处在一个徘徊期，技术上并没有很大的突破，处于水利技术变革的前夕。

随着社会的变革和发展，水利技术也在不断地进步，对水利工程的施工与发展产生了深远的影响。

4. 水利工程管理

受材料和技术的限制，古代水利工程的寿命并不是很长，远远比不上现在用钢筋水泥建造的工程。但是许多古代水利工程能使用上百年甚至上千年，其诀窍之一就是有着完善的水利工程管理。

水利工程管理可以分成水利管理制度、水利管理机构两个方面。水利工程管理制度包括工程的维修管理，例如岁修管理制度就是水利工程维修管理的基本制度。水利工程的运行管理是指灌溉用水的分配，防汛度汛的组织，航运闸门的启闭等，这些关系着水利工程的安全与效益。如何筹集资金用于水利工程的建造和日常维护也是水利工程管理制度的一部分，关于水利工程的法律法规的制定也是十分重要的。

第二节 水利工程建设的特点

一、水利工程建设的内涵

水利工程建设指根据水利工程项目初步设计所确定的工程类型、工程任务和规模、总投资等要求，修建水利工程的一系列工作，其过程包括建设前的准备、施工技术确定及建设过程管理等内容。

水利工程建设项目有多种分类方式：

①按照功能进行划分，则是经营类、公益类及准公益类。

②按照对于经济发展的作用程度，则分为地方及中央基本建设项目。

③根据总投资额和建设内容划分，可划分为小型及中大型项目。

水利工程建设一般包括以下程序及阶段：

①出具项目建议书及可行性研究报告。

②做好施工准备工作。

③开展工程初步设计。

④根据项目初步设计进行工程的具体建设实施工作。

⑤项目完成后进行竣工验收。

⑥进行评价。

以上各个工作的进行时间可以重叠。

二、水利工程建筑产品特点

（一）固定性

水利工程建筑产品与其他工程的建筑产品一样，是根据使用者的使用要求，按照设计者的设计图纸，经过一系列的施工生产过程，在固定点建成的。建筑产品的基础与作为地基的土地直接联系，因而建筑产品在建造中和建成后是不能移动的，建筑产品建在哪里就在哪里发挥作用。

在有些情况下，一些建筑产品本身就是土地不可分割的一部分，如油气田、桥梁、地铁、水库等。固定性是建筑产品与一般工业产品的最大区别。

（二）多样性

水利工程建筑产品一般是由设计和施工部门根据建设单位（业主）的委托，

按特定的要求进行设计和施工的。由于对水利工程建筑产品的功能要求多种多样，因而对每一水利建筑产品的结构、造型、空间分割、设备配置都有具体要求。

即使功能要求相同，建筑类型相同，但由于地形、地质等自然条件不同以及交通运输、材料供应等社会条件不同，建造时的施工组织、施工方法也存在差异。水利工程建筑产品的这种特点决定了水利工程建筑产品不能像一般工业产品那样进行批量生产。

（三）独特性

水利工程项目体系庞大、结构烦琐，建造时间、材料供应、水文地质条件、技术工艺和项目目标各不相同，每个工程都具有各自的独特性。

（四）体积庞大

水利工程建筑产品是生产与应用的场所，要在其内部布置各种必要的设备与用具。与其他工业产品相比，水利工程建筑产品体积庞大，占有广阔的空间，排他性很强。

因其体积庞大，水利工程建筑产品对环境的影响很大，所以必须控制建筑区位、密度等，建筑必须服从流域规划和环境规划的要求。

二、水利工程建筑施工特点

（一）专业性

水利工程项目要求施工队伍必须具备国家认定的专业资质，施工必须依据国家标准规范进行。而且，水利工程项目的建设地点可能地质条件比较复杂，也必须由专业的勘察设计部门进行勘察设计。

（二）流动性

水利工程建筑产品施工的流动性有两层含义。

第一，由于水利工程建筑产品是在固定地点建造的，生产者和生产设备要随着建筑物建造地点的变更而流动，相应材料、附属生产加工企业、生产和生活设施也经常迁移。

第二，由于水利工程建筑产品固定在土地上，与土地相连。在生产过程中，产品固定不动，人、材料、机械设备围绕着建筑产品移动，要从一个施工段转移到另一个施工段，从水利工程的一个部分转移到另一个部分。这一特点要求施工组织设计应能使流动的人、机、物等相互协调配合，做到连续、均衡施工。

（三）单件性

水利工程建筑产品施工的多样性决定了水利工程建筑产品的单件性。每项建筑产品都是按照建设单位的要求进行施工的，都有其特定的功能、规模和结构特点，所以工程内容和实物形态都具有个别性、差异性。

工程所处地区、地段的不同更增强了水利工程建筑产品的差异性。同一类型工程或标准设计，在不同的地区、季节及现场条件下，施工准备工作、施工工艺和施工方法不尽相同。所以，水利工程建筑产品只能是单件产品，而不能按通过定型的施工方案重复生产。

这一特点就要求施工组织实际编制者考虑设计要求、工程特点、工程条件等因素，制定出可行的水利工程施工组织方案。

（四）综合性

水利工程建筑产品的施工生产涉及施工单位、业主、金融机构、设计单位、监理单位、材料供应部门、分包单位等，多个单位、多个部门的相互配合、相互协助，决定了水利工程建筑产品施工生产过程具有很强的综合性。

（五）周期性

水利工程建筑产品的体积庞大决定了建筑产品生产周期长，有的水利工程建筑产品，少则 1～2 年，多则 3～4 年、5～6 年，甚至 10 年以上。因此，它必须长期大量地占用和消耗人力、物力和财力，要到整个生产周期完结才能出产品。故应科学地组织建筑生产，不断缩短生产周期，尽快提高投资效益。

第三节　水利工程的历史与现状

一、水利工程的历史

（一）邗沟

邗沟（今里运河）建于公元前 486 年，位于江苏扬州—淮阴段，沟通长江和淮河。邗沟是我国有记载可考的第一条人工运河，沟通长江、淮河两大水系，是南北大运河最早的人工河段。

邗沟河道作为隋唐南北运河的一段，对南北水运交通具有重要的意义。邗沟的驿路水利设施，在唐诗中就有相关记录。作为唐朝沟通南北的水运要道，邗沟频现于送别、行旅题材诗作当中。

邗沟沿线的津渡驿路最是繁忙，旅程起点、终点、途中总会关涉。唐诗中，有些津渡水驿之类的记录只是地点符号，如《汴路水驿》中的"晚泊水边驿，柳塘初起风"，《津亭有怀》中的"津亭一望乡，淮海晚茫茫"；有些则兼有对周围风景的描写，旨在借景抒情。

唐诗对开挖邗沟多有提及，主要关注隋炀帝开挖运河的功过。秦韬玉的"种柳开河为胜游，堤前常使路人愁"表达的是不满。罗邺的"炀帝开河鬼亦悲，生民不独力空疲"，孙光宪的"太平天子，等闲游戏，疏河千里"，皆谴责隋炀帝开挖运河工程这一行径。皮日休的"应是天教开汴水，一千余里地无山"，则给隋炀帝洗冤，只因运河水利带动了经济发展。许棠直接反问"宁独为扬州"，揣测隋炀帝的心思，应该有"所思千里便"的考量，便忍痛"岂计万方忧"了，利弊权衡之下作出决断，似情有可原之意。运河开挖工程本身并无过错，过错只在工程实施过程中不顾百姓疾苦，隋炀帝本人过于奢侈，以致家国灭亡，发人深思。

（二）都江堰

都江堰位于四川省成都市，坐落于成都平原西部的岷江上，始建于公元前256年，是蜀郡太守李冰在前人开凿的基础上，率领民众修建的大型水利工程，是继大禹治水、鳖灵治水之后的集大成之作，是中国古代劳动人民勤劳与智慧的结晶。

公元前316年，秦惠文王吞并蜀国。饱受战乱之苦的人民渴望中国尽快统一。适巧，经过商鞅变法改革的秦国一时名君贤相辈出，国势日盛。他们正确认识到巴、蜀在统一中国过程中的特殊战略地位，"得蜀则得楚，楚亡则天下并矣"。秦国为了将蜀国变成其灭楚并最终统一天下的重要战略基地，决定彻底治理岷江水患。秦昭襄王统治后期（约公元前277年）任命李冰为蜀郡太守。李冰汲取了大禹、鳖灵的治水经验，合理地利用了地形、河势等自然条件，乘势利导，因地制宜，巧妙地布置了包括鱼嘴、飞沙堰、宝瓶口等在内的都江堰渠首枢纽工程。

都江堰的建成，不但解决了岷江的水患，而且发挥着灌溉、防洪等综合作用。得益于都江堰的滋养，成都平原发生了翻天覆地的变化，一举成为物阜民丰的天府之国。都江堰建成后，秦国依托蜀郡奠定的坚实的物质经济基础，于公元前223年一举灭掉楚国，在公元前221年实现了大一统。

（三）郑国渠

郑国渠渠首工程位于泾河出山口与关中平原的交接处，海拔 450 m，较咸阳段渭河高出约 50 m。关中平原北缘山前南倾冲洪积扇平原整体上是西北高、东南低。郑国渠渠首处于泾河与北洛河之间关中平原北缘、山前南倾冲洪积扇平原西北方位相对最高点，自流灌溉可控制泾河以东，北洛河以西关中北山山前南倾冲洪积扇平原。郑国渠渠首（张家山处）断面以上流域面积广阔，多年平均径流量大，平均流量多，水资源较为丰富。

郑国渠与都江堰一样也是我国古代大型灌溉水利工程。郑国渠工程包括渠首和灌区两部分。

郑国渠的渠首工程自秦到今，屡修屡坏，位置不断变换，各个时期的水利工程名称也不一样，但目的是一样的，即如何将泾河的流水引入灌区。基本以王桥镇西街为界，往西为各个时期的渠首工程分布区，往东为灌区。在王桥镇西街以西，泾河由山区隘谷地貌转变为 U 形河谷，这一特殊位置就是狭义的谷口。谷口及以北是北山山前断裂带，地形变化较大，谷口以北因阶梯状断层组合基本延续了北山山势，故谷口以上泾河下蚀作用强烈，隘谷地貌典型；谷口以下平原地貌典型，河流侧向侵蚀作用明显，河面一下子宽阔起来，河曲发育，在谷口王桥镇西街有明显两个河曲，形成了一个 S 形河道。从平面上看，从谷口到王桥镇西街泾河河道的形状是葫芦状，葫芦口就是谷口。"瓠"是葫芦之意，谷口及附近以南段区域也就是史书上记载的"瓠口"。谷口以南的瓠口范围分布着秦到隋唐引水渠首工程遗迹，谷口以北至现代泾惠渠大坝分布着宋至今引水渠首工程遗迹，谷口是黄土区，引水渠为土质渠道；谷口以北的宋元明清至今引水渠首工程遗迹是在奥陶纪石灰岩与第三纪砾岩区，引水渠主要为石质渠道，宋代丰利渠引水口遗迹最为清楚，为石灰岩中凿开的引水口，其高于泾河水面约 20 m。所有渠首引水工程基本到王桥镇西街汇合，并入向东拐的灌区古河道中。

（四）灵渠

公元前 214 年，为方便军事运输，秦始皇下令开凿灵渠。灵渠全长 37.4 km，主体工程由铧嘴、大小天平、南渠、北渠等部分组成，是我国著名的古代水利工程，与都江堰、郑国渠并称"秦代三个伟大水利工程"。1988 年，灵渠被列为全国重点文物保护单位。2018 年，灵渠入选世界灌溉工程遗产名录。

（五）京杭大运河

京杭大运河站建于春秋时期，后经多次修建，是世界上里程最长、工程最大的古代运河，途径北京、河北、天津、山东、江苏、浙江，贯通海河、黄河、淮河、长江、钱塘江水系。

明清时期，随着京杭大运河的完善，运河凭借特有的功能（漕运）连接了全国的经济中心和政治中心，把江河流域的原料及成品生产地汇集在一起。京杭大运河南起杭州北至北京通州，将海河、黄河、淮河、长江和钱塘江5个水系连接起来，并且以"南四湖"之一的山东微山湖为主要水源，总长度约 1 797 km。京杭大运河具体流经了6个省、直辖市，包括北京的通州区，天津的武清区，河北的廊坊市、沧州市、衡水市和邢台市，山东的德州市、泰安市、聊城市、济宁市和枣庄市，江苏的徐州市、宿迁市、淮安市、扬州市、镇江市、常州市、无锡市和苏州市，以及浙江的嘉兴市、湖州市和杭州市。京杭大运河京津冀段的范围，北京段运河从什刹海到通州约为 82 km；天津段运河从通州到天津静海九宣闸，全程约 186 km；河北段运河是从天津南运河到临清（河北与山东分界点），全长约为 509 km。

大运河不仅是一条运输通道，也是一条文化之河，汩汩流淌数千年的运河形成了独特的运河文化。一条穿越千年的长河将中国南北的文化交融，承载了中华文化的重要部分，大运河文化中展现了丰富的文学、历史、艺术、风土等中国文化元素，成为当代中国文化传承与发展的重要载体。大运河既为创造两岸千姿百态的文化奠定了雄厚的经济基础，又将中华南北东西地区的不同文化汇总交融，创造出新的文化，既包括各项建筑、园林、文学、绘画、戏剧等雅文化，也包括各种日用器皿、习俗、民歌民谣、曲艺等民俗文化，是中华文明的"文化长廊""博物馆"。大运河既是国内的文化之河，也是中外文化交流之河。中华文化通过大运河向异域传播，异域文化也通过大运河传入中国。该文化特性就是联合国教科文组织总结的：它反映了人类迁徙和流动的过程，也体现了多层面的价值、知识、思想、商品的互惠持续发展，文化也因而得以实现了跨越时空的交流融合。大运河历经数千年的历史发展在其沿线形成了绚丽多彩的人文文化和丰富的物质资源。目前大运河沿线有大量的文化节庆活动和相关的品牌形象，比如嘉兴的灶头画、天津的杨柳青镇等，都散发着独特的魅力。

此外，漫长的历史沉淀使大运河沿线逐渐形成独特的人文景象，比如码头、河道、桥梁、船闸、沿岸驿站、会馆、衙署等相关建筑设施。而今天大运河的价值已不是当年的漕运运输交通命脉，正是通过几千年的发展进步，才得以形成了如今的运河沿岸文明。

中国的元明清三个朝代都将北京定为首都，也让北方成了一段时期的政治中心，庞大的官僚集体和军队需要消耗大量物质资源。然而，此时中国的经济重心已经南移，所以大量的赋税、商品等持续地从南方运向北方。大运河的根本功能在于联系南北地区，增进南北地区的经济文化交流。茶叶和丝织品等是中国南方城市的独特产物，具有明显的地理属性；人参、毛皮等则是中国北方的独特产物，不同区域的资金与物质在大运河进行南北贸易往来。公元1292年，郭守敬主持引流白浮泉水，流经大都西门之后，在积水潭汇聚，之后经由崇文门开始向北京通州的高立庄延续，其终点在白河，这段总长度为82 km的运河称通惠河。通惠河投入使用后的几百年里，京杭大运河一直发挥着南北交通枢纽和关键环节的重要作用，带动了沿岸地区贸易、运输业的发展。随着大运河的发展，沿岸相继出现了几十个商业城镇，对古代经济发展做出了巨大贡献。大运河在流经京、津、冀、鲁、苏、浙各地区的同时，也自发编织了一张连接钱塘江、淮河、长江、黄河以及海河的水路运输网络，这对于加深我国历史上南北方的交流融合发挥着不可替代的作用。另外，天津、杭州、苏州和扬州等沿岸商埠，由于是大运河沿岸的主要商品集散中心，所以其商业兴衰与运河的历史演变基本一致。

二、水利工程的现状

我国是一个水旱灾害频繁发生的国家，从一定意义上说，中华民族五千年的文明史也是一部治水史，兴水利、除水害历来是治国安邦的大事。新中国成立后，党和国家高度重视水利工作，领导全国各族人民开展了波澜壮阔的水利建设，取得了举世瞩目的成就。近年来，党中央、国务院作出了更多关于加快水利改革发展的决定，进一步明确了新形势下水利的战略地位与水利改革发展的指导思想、目标任务、工作重点和政策举措，必将推动水利实现跨越式发展。

（一）我国水利建设现状

新中国成立之初，我国大多数江河处于无控制或控制程度很低的自然状态，水资源开发利用水平低下，农田灌排设施极度缺乏，水利工程残破不全。几十年来，我国围绕防洪、供水、灌溉等，除害兴利，开展了大规模的水利建设，初步形成了大、中、小、微相结合的水利工程体系，水利面貌发生了根本性变化。

1. 水资源配置格局逐步完善

目前，我国形成了蓄、引、提、调相结合的水资源配置体系。例如，密云水库、潘家口水库的建设为北京和天津市提供了重要水源，辽宁大伙房输水工程、引黄济青工程的兴建，缓解了辽宁中部城市群和青岛市的供水紧张局面。随着南水北调工程的建设，我国"四横三纵、南北调配、东西互济"的水资源配置格局逐步形成。全国水利工程年供水能力较中华人民共和国成立初期大大增强，城乡供水能力大幅度提高，中等干旱年份可以基本保证城乡供水安全。

2. 农田灌排体系建立

新中国成立以来，特别是 20 世纪 50 年代到 70 年代，开展了大规模的农田水利建设，大力扩展灌溉面积，提高低洼易涝地区的排涝能力，农田灌排体系初步建立。目前，全国已建成万亩以上的大中型灌区 7 330 处，灌区内农田实现了旱能灌、涝能排。全国农田灌溉水有效利用率明显提升，年节水能力达到 480 亿立方米。2012—2022 年来，累计恢复新增灌溉面积达到 6 000 万亩，改善灌溉面积近 3 亿亩，有效遏制了灌溉面积衰减的局面。全国农田有效灌溉面积从 2012 年的 9.37 亿亩增加到现在的 10.37 亿亩。通过实施灌区续建配套与节水改造，发展节水灌溉，灌溉用水总体效率的农业灌溉用水有效利用系数，从新中国成立初期的 0.3 提高到 0.5。农田水利建设极大地提高了农业综合生产能力，以不到全国耕地面积一半的灌溉农田生产了全国 75% 的粮食和 90% 以上的经济作物，为保障国家粮食安全做出了重大贡献。

3. 水土资源保护能力得到提高

在水土流失防治方面，以小流域为单元，统筹山、水、田、林、路、村，采取工程措施、生物措施和农业技术措施进行综合治理，对长江、黄河上中游等水土流失严重地区实施了重点治理，充分利用大自然的自我修复能力，在重点区域实施封育保护，已累计治理水土流失面积 105 万 km^2，年均减少土壤侵蚀量 15 亿吨。在生态脆弱河流治理方面，通过加强水资源统一管理和调度、加大节水力度、保护涵养水源等综合措施，实现黄河连续 11 年不断流，塔里木河、黑河、石羊河、白洋淀等河湖的生态环境得到一定程度的改善。在水资源保护方面，建立了以水功能区和入河排污口监督管理为主要内容的水资源保护制度，以"三河三湖"、南水北调水源区、饮用水水源地、地下水严重超采区为重点，加强了水资源保护工作，部分地区水环境恶化的趋势得到遏制。

（二）水利工程发展的优化建议

1.强化顶层设计，逐级细化政府分工

（1）依法明确政府部门权责

从中央政府层面，协调水利建设管理方面的职责、财权、事权，并在法律条文中予以明确。国务院部际之间根据法律规定，明确有关职能部门职责边界，省、市、区县等各级职能部门依此划分职责权限，为下一步的水利建设管理奠定基础。

水利部、财政部等部门协商，制定具体办法，就水利建设管理工作职责进一步明确。如农业农村部负责农田斗渠及以下渠道、渠系建筑物等田间水利工程的建设管理和维修改造工作；水利部门负责农田水源工程，干、支渠道骨干工程及配套建筑物的建设管理和维修改造工作。

在政府职能整合中，将灌溉试验站、耕地质量检测站、气象站整合，形成为发展提供综合服务的机构。

（2）编制水利发展规划

各级政府水利部门组织开展水利调查，并以此为依据，结合本行政区自然条件、经济社会发展水平、水土资源、农业发展需求、生态环境等因素，编制本行政区水利规划，公开征求社会群众的意见建议，并报上级主管部门备案。

批准公布后的水利规划作为本地区水利建设和管理的依据，不得擅自修改，确需修改应报本级人民政府批准。水利主管部门每年要按照规划内容申请落实建设和管理资金，在编制单个项目建设方案前，组织规划和实施方案编制单位人员要充分听取当地群众的意见建议，并将合理的意见建议吸收到项目建设方案中。同时建立工程建后管护制度、落实管护单位和人员责任，年底向本级人民政府报告建设管理情况，会同发展改革、财政等部门对规划实施情况进行评估，并向本级人民政府报告，确保规划落实实施。

2.制定配套政策，建立健全制度体系

（1）制定水利法规

统筹考虑与水利相关的制度和措施，制定出台相关法律法规，从法律法规的角度对水利规划、建设、管护、报废等进一步明确。同时应将水利和农业农村部门的职责划分清楚，遵循责任明确、统一规划、统筹实施的原则，实行依法治理。

（2）建立健全管理制度体系

为确保水利建设项目有序实施，吸引社会资本投入水利建设，政府部门亟须制定相应的法规以及相关的预算定额。各级人民政府也要根据上位法制定具有地

方特色的相关配套法规等，形成省、市、县、乡四级法律法规体系，以适应社会经济的发展，全面促进水利建设的法治化、规范化、制度化，为其走上健康有序的发展道路奠定基础。

3. 培养引进人才，提升政府管理水平

（1）提高水利行政人员的数量和管理能力

面对当前水利专业人才匮乏，尤其是行政管理人员少、管理水平不高的情况，需要进一步优化水利部门干部结构，可通过选调生、"三支一扶"等政策，吸引水利专业人员加入政府管理部门，尤其是一线建设管理部门。

提高管理人员素质和专业水平也可采用以下途径：一是定期不定期地对水利行政人员开展专业培训；二是通过交流任职、挂职锻炼等方式提高相关人员的业务水平，三是开展脱产学习。从人力资源管理角度出发，要重视干部的心理建设，单位领导班子和组织人事部门要加强对机构改革过程中转隶干部的了解，主动关心他们的需求，帮助他们尽快适应新的工作环境和工作节奏。特别是要提高基层干部的士气，引导各级干部找到新的定位和发展目标。

（2）积极引进培养专业技术人才

人才是社会最为重要的资源，也是水利建设顺利进行的必要条件。为了改变行政人员服务水平低的问题，在现有条件允许的情况下，政府部门应该大力出台相关政策来培养人才、吸引人才、留住人才。诸如每年安排一定的科研资金，积极协调高校、科研院所、企业等开展水利技术、设施设备研发，促进产学研深度融合。这一方面有利于吸引高端技术人才创业，另一方面也为培养本地人才提供了平台。

4. 健全基础设施，完善防洪排涝减灾体系

加快建设重大水利工程和惠及民生的水利项目，构建全面、完善、可靠、安全的现代水利基础设施网络。完善各个省份的防洪排涝减灾体系，加快补齐水利薄弱环节短板，提高重点区域防洪排涝与减灾能力，加强易洪易涝地区的基础设施建设，形成连通、高效的网络监测体系。针对防洪抗旱短板，首先应当增强灾害防御能力。扎实做好汛前准备工作、抓好监测预警，守住灾害防御底线，确保骨干河道达到国家防洪标准，并建设调蓄水库，发挥削减洪峰的作用，确保下游能源基地、大堤以及中大城市的安全。

5. 实施保护修复，完善水生态系统功能

水生态系统是人类生存发展社会经济的重要自然环境基础，其提供的自然资源以及服务功能对文明的延续和发展具有不可替代的重要意义。为保持水生态系统的稳定以及维持其与人类社会的协调发展状态，我国在保护自然环境的基础上，应进一步发挥水生态系统的服务功能的重要价值。坚持可持续发展以及人与自然和谐相处的理念，坚持预防保护、生态修复相结合，同时，大力推进湿地建设，加大湿地保护力度，加快恢复生态系统的完整性与功能性；在修复水生态的同时，合理增加水域面积，提高林草覆盖率，改善水源涵养能力；完善水资源配置体系，重视水资源利用与调配管理工作，保障生态用水，合理配置生产用水；针对水土流失严重的地区进行监测与防治，推动各个省份的水土保持工作有序进行。

近年来，南方红壤区，如广东、广西、福建、江西及浙江等地虽在水土流失治理方面获得了一定成效，但治理效果有待进一步提升。对于该类地区，应当针对坡耕地水土流失进行专项治理，加大整治与修复力度，防止人为因素导致的水土流失和生态环境破坏。

6.大力防治污染，改善河湖水环境质量

水环境直接影响人类的正常生活与持续发展。而在社会发展的过程当中，水环境污染已经成了亟待解决的热点问题。各个省份应根据当地条件，因地制宜，从不同角度加大对水环境污染的治理力度，加快推动水污染防治工程项目的立项与建设，开展水污染治理专项行动，重点关注工业集聚区的水污染问题，扩大监测与治理范围，控制与降低污染排放量；通过推进循环产业发展、加强良好水体保护、严格水环境执法监管、建立水环境治理调节机制等措施，全面推进水污染治理工作，从而减少废污水排放量，提高水质达标率和优良率，逐步改善河湖水环境质量。

对于水污染防治收效甚微的问题，可以从以下四方面入手。

①加大水环境综合防治力度，解决面源治污难题，并建立水质监测平台，完善管理体制，实行考核制度。

②全面开展城市黑臭水体整治工作，提高排水管网排污效能，实行雨污分流，改造现有城镇污水处理设施，对污水处理厂实行改造升级，并新建配套的污泥处置厂。

③加快污水处理设施建设，加强污染严重的违法违规项目的取缔工作，推动工业园区污水处理设施及配套管网的建设。

④解决农村面源污染问题，严格控制化肥施用量，鼓励种植与蓄养相结合，推动水环境质量稳步提升。

7.深化水利改革，实现管理方式现代化

虽然水管理体系对我国水利现代化发展起到的阻碍作用暂无明显的区域分布

特性，但我国水管理能力的提升空间较大，为推进水务一体化管理，实现水利管理现代化，应当运用现代管理理念和技术，借鉴发达国家水利现代化先进经验，使水利管理更加精准、更加高效。

第四节 水利工程管理的地位、作用与优化建议

一、水利工程管理的地位

工程管理是指为实现预期目标以及有效地利用资源而针对工程所进行的决策、计划、组织、指挥、协调与控制，是对具有技术成分的活动进行计划、组织、资源分配以及指导和控制的科学和艺术。工程管理的对象和目标是工程，指专业人员运用科学原理对自然资源进行改造的一系列过程，可为人类活动创造更多便利条件。工程建设需要人们应用物理、数学、生物等基础学科的知识，并在生产生活实践中不断总结经验。

水利工程管理作为工程管理理论和方法论体系中的重要组成部分，既有与一般专业工程管理相同的共性，又有与其他专业工程管理不同的特殊性，该类工程的公益性（兼有经营性、安全性、生态性等特征），使水利工程管理在工程管理体系中占有独特的地位。水利工程管理又是生态管理、低碳管理和循环经济管理，是建设"两型"社会的必要手段，可以作为我国工程管理的重点和示范。

水利工程管理是水利工程的生命线，贯穿于项目的始末，包含着对水利工程质量、安全、经济、适用、美观、实用等方面的科学、合理的管理，以充分发挥工程作用、提高使用效益。由于水利工程项目规模过大、施工条件比较艰难、涉及环节较多、服务范围较广、影响因素复杂、组成部分较多、功能系统较全，在设计规划、地形勘测、现场管理等阶段难免出现问题或纰漏。另外，由于水利设备长期在水中作业，经过长时间的运作而磨损速度较快，所以需要通过管理进行设备完善、修整、调试，以更好地进行工作。

二、水利工程管理的作用

（一）提高企业综合效益

节约成本一直都是水利建筑工程的根本原则，也就是科学合理地使用建筑材料、建筑用地，在保证工程质量的前提下节约水利工程的成本。为了进一步加强

水利工程成本控制，提高工程经济效益，需要完善水利工程管理体系，采取科学合理的方法对资源进行优化和规划。

（二）维护人民正常生活

水利工程决定了人们的生活用水质量。完善水利工程管理制度才能从真正意义上提高水利工程的质量，水利工程的使用年限也会变得更久，同时能第一时间发现问题并以科学的方式解决，避免问题越来越严重，不影响周边地区人们的正常用水。

（三）完善社会基础建设

水利工程是我国众多基础设施建设中比较重要的一项工程，现在我国的社会经济实力得到了很大的提升，人们对用水质量要求的提高，让水利工程质量标准随之提高。首先，完善的水利工程管理制度决定了人们能否正常用水、持续用水。其次，水利工程建设具有调节水源、优化水资源的作用，还能预防洪涝灾害，对当地的生态环境有重要作用，是我国社会基础设施建设中的关键一环。

（四）转变经济发展方式

自 18 世纪初工业革命开始以来，在长达几百年的受人称道的工业文明时代，人类借助科学技术革命的力量，大规模地开发自然资源，创造了巨大的物质财富和现代物质文明，但也使全球生态环境和自然资源遭到了严重的破坏。

显然，工业文明相对于小生产的"农业文明"而言，是一个巨大飞跃。但它给人类社会与大自然带来了巨大的灾难和不可估量的负效应，如自然资源日益枯竭、自然灾害泛滥等。"人口爆炸、资源短缺、环境恶化、生态失衡"已成为困扰全人类的四大显性危机。面对传统发展观支配下的工业文明带来的巨大负效应和威胁，自 20 世纪 30 年代以来，世界各国的科学家们不断发出警告，理论界苦苦求索，人类终于领会了可持续发展的观念。

从水资源与社会、经济、环境的关系来看，水资源不仅是人类生存必不可少的一种宝贵资源，而且是经济发展不可缺少的一种物质基础，也是生态与环境维持正常状态的基础条件。

因此，可持续发展也就是要求社会、经济、资源、环境协调发展。然而，随着人口的不断增长和社会经济的迅速发展，用水量在不断增加，水资源的有限与社会经济发展的矛盾愈来愈突出。例如出现的水资源短缺、水质恶化等问题，如果再按目前的趋势发展下去，将会对人类的生态产生威胁。

水利工程是我国基本实现现代化宏伟战略目标的命脉、基础和安全保障。在传统的水利工程模式下，单纯依靠兴修工程防御洪水、依靠增加供水满足国民经济发展对于水的需求。这种通过消耗资源换取经济增长、通过牺牲环境谋取发展的方式，是一种粗放、扩张、外延型的增长方式。这种增长方式在支撑国民经济快速发展的同时，也让我们付出了资源枯竭、环境污染、生态破坏的沉重代价，因而是不可持续的。

面对新的形势和任务，科学的水利工程管理利于制定合理规范的水资源利用方式。科学的水利工程管理有利于我国经济发展方式从粗放、扩张、外延型转变为集约型。且我国的水利工程管理有利于开源节流、全面推进节水型社会建设、调节不合理需求、提高用水效率和效益，进而保障水资源的可持续利用与国民经济的可持续发展。

（五）推动和谐社会建设

1. 有利于经济、生态等多方面和谐发展

水力发电已经成为我国电力系统十分重要的组成部分。新中国成立之后，一大批大中型水利工程的建设为生产和生活提供了大量的电力资源，极大地方便了人民群众的生产生活，也在一定程度上改变了我国过度依赖火力发电的局面。

我国不管是水电装机容量还是水利工程的发电量，都处在世界前列。特别是农村小水电的建设，有力地推动了农村地区乡镇企业的发展，为进行农产品的深加工、进行农田灌溉等做出了巨大的贡献。三峡工程、小浪底水利工程、二滩水利工程等一大批有着世界影响力的水利枢纽工程的建设，预示着我国水力发电的建设已经进入了一个十分重要的阶段。

2. 有利于保护生态环境，促进旅游等第三产业的发展

水利建设为改善环境做出了积极贡献，其中，水土保持和小流域综合治理改善了生态环境；水力发电的发展减少了环境污染，为改善大气环境做出了贡献；农村小水电不仅解决了能源问题，还为实施封山育林、恢复植被等创造了条件；污水处理与回用、河湖保护与治理也有效地保护了生态环境。水利工程在建成之后，库区的风景区使得山色、瀑布、森林及人文等紧密地融合在一起，呈现出一派山水林岛的和谐画面，是绝佳的旅游胜地。如举世瞩目的三峡工程在建成之后，也成为一个十分著名的旅游景点，吸引了大量的游客前往参观，这在很大程度上促进了旅游收益的提升，增加了当地群众的经济收入。

3.有利于推动航运等相关产业的发展

水利工程管理在对水利工程进行设计规划、运营、养护等管理过程中，有助于发掘水利工程的其他附加值，如航运产业的快速发展。内河运输的一个十分重要的特点就是成本较低，水运可以增加运输量，降低运输的成本，在满足交通发展需要的同时能促进经济快速发展。水利工程的兴建与管理使得内河运输得到了发展，长江的"黄金水道"正是在水利工程的不断完善和兴建的基础之上得到发展和壮大的。

三、水利工程管理的优化建议

（一）增强管理意识

在日常工作部署与安排中，首先，管理部门应增强管理意识，从思想层面正确认识到加强水利工程管理的价值与意义，开展实地走访调查，了解各项水利工程的具体运作情况、管理情况，立足于实践，制定具有良好可行性的管理与维护方案。

其次，管理部门应加强学习，紧随时代发展积极转变管理理念和管理模式，密切关注国内外水利工程的管理情况，全面梳理并认真总结先进成熟的管理技术、方法及经验，及时发现工程管理中所存在的问题，在明确成因的基础上，通过新技术、新方法解决问题，不断提高水利工程管理水平。

（二）完善管理体系

在水利工程建设过程中，管理发挥着重要作用。管理部门在日常的管理工作中要有效分析与研究现有的水利管理体系，主动寻找其中存在的问题，结合国内外的先进技术与手段进行有效分析与研究，不断完善新时期水利工程管理机制，制定科学合理的水利工程管理工作制度。此外，还要从管理体系的可行性角度出发进行思考，确保水利工程质量得到有效保障。对于上级单位下发的各项任务指令，要及时做好有效回复，实现全方位的规划与管理，不断提高我国水利工程管理工作的水平，在实现经济价值的同时收获更多的社会效益。

（三）强化资金管理

首先，水利工程管理部门应进一步扩大资金来源，打破完全依赖政府财政的管理模式，争取获得民间资本的支持。比如，在水利工程正常运作期间，为当地居民提供灌溉等服务时，可向当地居民收取一定的费用，增加工程收益。

其次，水利工程管理部门需要加强资金的有效管理，做到专款专用，合理分配资金，提高资金利用水平。如制定成熟合理的资金管理制度，对资金的分配原则、具体用途、审批流程等细节进行严格清晰的规定。同时，加强对资金使用情况的监管，一旦发现内部存在擅自挪用工程资金的情形，务必在查明真相的基础上予以相应处置，以此起到震慑作用，确保每一笔资金都得到科学合理的使用，为水利工程管理工作高效稳步地开展提供良好的资金支持。

（四）制订管理计划

水利工程管理部门应从全局出发，结合不同水利工程的性质、功能等制订合理的管理计划。比如有些水利工程的主要功能是灌溉，负责为当地农作物健康苗壮地成长提供充足的水源。对此，相关部门需要根据当地农作物的生长情况、气候变化、土壤湿度等合理估测农作物灌溉时间，以此为基准制订科学合理的水利工程维护及管理方案，充分考虑各种风险及意外情况，积极做好预案，保证工程的功能得到充分发挥，为当地发展提供良好支持，提高农民经济收益，促进当地经济快速全面发展。

（五）打造管理队伍

管理水平高、综合素养高的专业人才是现代化水利工程管理工作高效开展的重要前提。水利工程管理部门可通过下述方式打造卓越出色的管理队伍，为现代化水利工程管理工作的高效高质开展提供强大的人才支持。

首先，水利工程管理部门应加大新人引入力度，面向社会、高校等扩大招聘范围，提高招聘门槛，加强对应聘者的严格把关。唯有专业基础扎实的人方可进入水利工程管理部门，从源头上保证人才质量，为后续水利工程管理工作的稳步开展提供可靠的人才保障。

其次，加强对内部工作人员的专业培训，通过培训学习的方式促进工程管理人员及时更新管理理念并转变管理方式，带领他们统一学习先进的专业知识与技能，促使其专业技能和服务水平大幅提升，从而获得良好的工程管理成效。

最后，制定并实施严谨合理的考核机制，激发工作人员的工程管理热情。根据工作开展情况及内部管理制度制定一套成熟合理且具有良好可行性的考核机制，选取合适的指标，对工作人员的工程管理工作开展情况、开展成效等进行客观合理的考评，将考评结果与工作人员的薪资待遇、晋升等挂钩，以此调动起工作人员的积极性。

第二章　水利工程施工组织设计

近年来，水利工程施工建设的规模不断扩大，施工难度不断增加，这就需要在施工前做好施工组织设计的优化方案。只有这样，才能保障施工的安全性和施工质量，为企业带来经济效益，满足人们的生产和生活需求。本章分为水利工程施工组织的原则、水利工程施工各阶段的组织任务、水利工程施工组织总设计三部分。主要包括按照相关制度执行建设程序、合理安排施工程序和顺序、前期准备阶段、搭设临时工程、工程实施阶段、竣工收尾阶段、施工组织总设计的内容以及施工组织总设计的编制依据等内容。

第一节　水利工程施工组织的原则

一、按照相关制度执行建设程序

中国关于基本建设的制度包括对基本建设项目必须实行严格的审批制度、施工许可制度、从业资格管理制度、招标投标制度、总承包制度、工程监理制度、建筑安全生产管理制度、工程质量责任制度、竣工验收制度等。

这些制度为建立和完善建筑市场的运行机制、加强建筑活动的管理提供了重要的法律依据，必须认真贯彻执行。

二、严格按规定时间交付使用

对于总工期较长的大型建设项目，应根据生产或使用的需要，安排分期分批建设、投产或交付使用。必须注意的是每期交工的项目应能独立地发挥效用，即主要项目和有关的辅助项目应同时完工，可以立即交付使用。

三、合理安排施工程序和顺序

水利水电工程建筑产品的固定性，使得水利水电工程建筑施工的各阶段工作始终在同一场地上进行。前一阶段的工作若未完成，后一阶段的工作就不能进行，即使交叉地进行，也必须严格遵守一定的程序和顺序。施工程序和顺序反映客观规律的要求，其安排应符合施工工艺，满足技术要求。掌握施工程序和顺序，有利于组织立体交叉、流水作业，有利于为后续工程创造良好的条件，有利于充分利用空间、争取时间。

四、合理部署施工现场

在组织施工时，应精心地进行施工总平面图的规划，合理地部署施工现场，节约施工用地；尽量利用永久工程、原有建筑物及已有设施，以减少各种临时设施；尽量利用当地资源，合理安排运输、装卸与储存作业，减少物资运输量，避免二次搬运。

第二节　水利工程施工各阶段的组织任务

一、前期准备阶段

（一）项目部组织机构设置

在项目经理和技术负责人确定后，以项目经理和技术负责人为首的项目经理班子应立即着手项目部组织机构的设置工作。

（二）挑选部门负责人

针对已经批复的组织机构情况，在企业现有人员中挑选各部门负责人，经与本人联系并同意后一一确定。之后，召开部门负责人会议，在征求意见的基础上确定各部门具体人员名单并由各部门负责人一一通知落实，有不能参加的及时提出更换人选，将最终确定的项目部全体人员名单及部门负责人名单报企业人事部门备案。

（三）组织召开项目部全体职工会议

人员确定后立即组织召开项目部全体职工会议，宣布项目部班子成员名单及分工、组织机构设置和各部门负责人名单，介绍工程概况，介绍主要施工方法，讲述质量标准和工期计划，通告项目部组织管理思路，分配近期工作任务。

（四）审核技术方案，核对工程量，规划工程布置

技术负责人安排技术科和质量检查科人员详细研究投标文件施工技术方案是

否可行，并对其进行可行性修改和补充，形成具体的实施方案；安排预算人员对照招标文件和设计图纸——查对投标文件工程量清单是否准确，发现问题时要详细记录，同时编制出准确的工程量清单；安排机电和金属机构科人员查对机电设备和金属机构工程量，核对设备型号和规格数量等，发现问题详细记录，同时编制出准确的设备数量表。项目副经理应带领技术、采购、机电等人员尽早到现场做实地考察，绘出现场草图，请业主方介绍当地情况，了解当地材料供应情况等（如工程离当地城镇较远应临时租用房屋以备临时工程建设时使用），为规划布置临时工程提供依据；实地考察后应立即设计施工现场布置格局，绘出详细的现场布置图。

（五）统计材料用量和设备数量，编排采购计划

安排技术人员根据工程量及混合物各料物配合比例计算出各种材料的理论用量，加入常规消耗量后制出材料实际用量表；安排机电设备和金属机构科统计设备数量并制出设备数量表。根据上述实际材料用量和设备数量，结合投标文件工期安排编排材料采供和设备供应计划。

（六）落实施工机械设备和仪器

安排机电设备科人员和测量及试验人员分头落实项目部拟使用的施工设备和试验、检测、测量仪器，详细掌握各种设备仪器的具体存放或使用地点、状况、检测期限等，各方面人员将了解到的情况汇总后，根据投标文件工期情况编制施工设备和仪器调拨计划。

（七）组织劳务人员

项目经理要重点落实施工队伍和劳务人员，包括与业主方联系沟通确定他们有无安排当地施工队伍的情况。如果有，应及时通知有关队伍到企业详谈；如果没有，应尽量从合作过的或了解的队伍中挑选并立即谈判。如果必须选择新队伍，应起码掌握三家以上的信息，分析后有重点地实地考察其施工业绩、施工经验、管理水平、施工设备、队伍信誉、工人素质、合作精神等情况，经综合分析后确定并签订详细的合作协议。对于劳务人员，也是先从使用过的或熟悉的公司中挑选，对新的劳务公司同样要实地考察，考察内容基本与考察施工队伍相同，确定后签订详细的合作协议。选择施工队伍和劳务人员并不矛盾，施工队伍指可以独立分包、有一定施工设备和管理经验的分包商；劳务人员指仅承担劳务输出的公司。工程量大或技术比较复杂的工程可能同时需要分包施工队伍和劳务人员，工

程量小或技术比较简单的工程可能只需要其中之一即可，实际工作中应根据具体需要确定。

（八）预测项目成本

项目经理和技术负责人应带头组织有关部门骨干人员详细预测该工程项目有可能产生的实际工程成本。工程成本的测算必须结合具体的施工方案、工程量、施工方法、工期、人员情况、劳务工资、施工计划等与该工程施工过程有关的全部直接费用和间接费用。成本测算应遵循的原则如下：预测力求贴合实际，费用项目尽量全面，估测数量尽量准确，额外费用尽量减少。在成本测算中的重复计算行为缺乏道德，会失去企业的信任，所以成本测算必须做到诚实守信。

（九）签订承包协议

在相关部门做出项目成本预测后，企业与项目部门要进行沟通，了解双方的估算，并尽可能地倾听彼此的估算方法和预算，对差距大的地方发表自己的看法。在成本项目、数量、实施方法、实施工艺、时间限定等主要因素达成一致后，再进行详细的计算，最后得出一个双方都比较满意的数额。至此，双方签署合同，正式实施。

二、搭设临时工程

水利工程项目施工的临时工程包括以下两部分。

一是为了满足施工组织和管理的需要而进行的供人、机、物使用的房屋和场地建设以及水、电、路布置等。主要包括办公室、宿舍、仓库、食堂、会议室、警卫室、厕所、维修车间、地方材料存放场、设备停滞场、周转材料存放场、混凝土拌和站、供电室、发电站等的建设。

二是永久工程之外为了开工和满足正常施工的需要而进行的必要的辅助设施建设。主要包括施工导流、施工围堰、施工截流、施工降排水、工程范围内的建筑物拆除等。

三、工程实施阶段

工程实施阶段是指项目部在完成前期准备工作和临时工程建设后，从具备永久工程正式开工条件起至工程达到竣工验收标准的过程。这个过程是整个工程项目组织实施的最关键阶段，也是项目部确定的各项计划、制度、措施、任务、目标逐一落实和实现的阶段，其实施过程的好坏直接决定了最终结果。

四、竣工收尾阶段

工程项目到了竣工验收阶段已经接近项目的尾声了，紧接着就会进入收尾阶段。工地上往日的喧哗将慢慢消失，现场人员会逐渐减少，施工设备也会在几天内"销声匿迹"，各种材料零零碎碎，生活区和办公区也将人去屋空。项目经理班子在即将进入这种状况时应该有一种紧迫感，而不应松懈，应利用人员没有完全撤离完的这段时间全面检查工程现场状况，全面检查工程竣工资料准备情况，为工程顺利验收和尽早撤离创造有利条件。

第三节　水利工程施工组织总设计

施工组织总设计是水利工程设计文件的重要组成部分，是编制工程投资估算、总概算和招标投标文件的主要依据，是工程建设和施工管理的指导性文件。认真完成好施工组织总设计对整体优化设计方案、合理组织工程施工、保证工程质量、缩短建设周期、降低工程造价都有十分重要的作用。

一、施工组织总设计的内容

（一）施工条件分析

施工条件包括工程条件、自然条件、物质资源供应条件以及社会经济条件等。施工条件分析需在简要阐明上述条件的基础上，着重分析它们对工程施工可能带来的影响和后果。

（二）施工导流

确定导流标准，划分导流时段，明确施工分期，选择导流方案、导流方式和导流建筑物，拟定截流、拦洪、排水、通航、过水、下闸封孔、供水、蓄水、发电等措施。

（三）主体工程施工

针对与挡水、泄水、引水、发电、通航等相关的主要建筑物，应根据各自的施工条件，对施工程序、施工方法、施工强度、施工进度和施工设备等问题，进行分析比较和选择。必要时，对其中的关键技术问题，如特殊的基础处理、大体积混凝土温度控制、土石坝合龙、拦洪等问题进行专门的设计和论证。

（四）施工交通运输

施工交通运输包括对外交通和场内交通两部分。对外交通是联系工地与外部公路、铁路车站、水运港口之间的交通，担负施工期间外来物资的运输任务；场内交通是联系施工工地内部各工区、当地材料产地、弃料场，各生产、办公生活区之间的交通。场内交通须与对外交通衔接。

（五）施工工厂设施和大型临建工程

施工工厂设施，如混凝土骨料开采加工系统、土石料加工系统、混凝土生产系统、机械修配系统、汽车修配厂、钢筋加工厂、预制构件厂等，均应根据施工的任务和要求分别确定各自位置、规模、设备容量、生产工艺、工艺设备、平面布置、占地面积、建筑面积和土建安装工程量，并提出土建安装进度和分期投产的计划。

大型临建工程，如施工栈桥、过河桥梁、缆机平台等，要进行专门设计，确定其工程量和施工进度安排。

（六）施工总体布置

充分掌握和综合分析水利工程枢纽布置，主体建筑物的规模、形式、特点、施工条件和工程所在地区的社会、自然条件等因素，确定并统筹规划布置为工程施工服务的各种临时设施，妥善处理施工场地内外关系。

（七）施工总进度

编制施工总进度时，应根据国民经济发展需要，采取积极有效的措施满足主管部门或业主方对施工总工期提出的要求。

（八）主要技术供应计划

根据施工总进度的安排和定额资料的分析，对主要建筑材料（如钢材、钢筋、木材、水泥、粉煤灰、油料、炸药等）和主要施工机械设备，列出总需要量和分年需要量计划。

二、施工组织总设计的编制依据

在进行施工组织总设计编制时，应依据现状、相关文件和试验成果等，具体内容如下。

①可行性研究报告及审批意见、设计任务书、上级单位对本工程建设的要求或批件。

②工程所在地区有关基本建设的法规或条例、地方政府对本工程建设的要求。

③国民经济各有关部门（铁道、交通、林业、灌溉、旅游、环保、城镇供水等）对本工程建设期间的有关要求。

④当前水利工程建设的施工装备、管理水平和技术特点。

⑤工程所在地区和河流的自然条件（地形、地质、水文、气象特征等）、交通、环保、旅游、防洪、灌溉、航运、供水等方面的现状和近期发展规划。

⑥当地城镇现有修配、加工能力，生活、生产物资和劳动力供应条件，居民生活、卫生习惯等。

⑦施工导流及通航过木等水工模型试验、各种原材料试验、混凝土配合比试验、重要结构模型试验、岩土物理力学试验等成果。

⑧勘测、设计各专业有关成果。

第三章 水利工程施工管理现状

水利工程的建设与发展，不仅促进了建筑行业的持续发展，还促进了社会经济的发展。这一切必须建立在水利工程建设质量过硬的基础上。搞好水利工程建设工作，离不开施工管理工作的有效开展以及完善的施工管理制度。本章分为水利工程施工企业现状、水利工程施工现场现状两部分，主要包括水利工程施工企业存在的问题、水利工程施工企业存在问题的成因等内容。

第一节 水利工程施工企业现状

一、水利工程施工企业存在的问题

由于本地区的经济水平及对于基础建设的投资规划等多方面原因，企业的发展往往会受到一定的影响。与此同时，由于建筑行业的特殊性，一些行业内不规范行为的存在也在一定程度上抑制了企业的正常经营，市场竞争非常激烈。

施工企业的市场竞争能力体现在多个方面，其中最关键的就是工程质量和良好的信用。在传统的经营模式下，一些施工企业面临着无标可中、无项目可做的艰苦局面。这时不要说去开拓市场了，就连生存都是个难题。只有诚诚恳恳地做好施工建设，取得政府和投资人的信任才能获得匹配的市场地位，企业的营业范围才能逐步扩展。

从长远的发展战略角度去看，目前我国的全球经济主导地位在逐步攀升，更多的优秀企业在走出去，更多的国际项目都在寻求与我国企业合作，一些企业也会在援外任务中驻派优秀的工程人员参与建设。

综上所述，施工企业无论是在本地市场还是在更大的国际市场中，想要占有一席之地也是有可能的。

（一）经营层面的问题

通过对一些施工企业外部大环境的分析可以发现，我国整体经济发展的同时带动了水利市场的发展，每一家水利企业都是受益者。从企业自身来分析，可得出企业在拥有机会的同时也要面临风险和挑战。在激烈的市场竞争中，没有一个靠运气做大做强的企业，大家无不踏踏实实地一步步艰难地发展着。

关于施工企业在经营层面的问题，具体表现在以下四个方面。

第一，一些企业过分依赖上级的直属项目，很少进入市场争取自营项目。

第二，一些企业过分依赖本地的专业分包，没有自己的施工队伍，无法全面覆盖市场上的重点业务，十分被动。

第三，一些企业的市场核心竞争力不足，有很高的市场可替代性。

第四，一些企业的组织结构有待优化。施工企业可以采取直线职能制组织结构形式，机关设职能科室，下设直属分公司及直属项目部。当施工企业采用线性职能组织结构时，工作效率会受到很大的影响。工程项目部出现问题后，要经过层层的审批报告才能得到最终的解决办法。

（二）产品组合的问题

一些施工企业可能拥有多个施工承包资质，如水利水电、市政、建筑等。但是其在工程承揽角度上过于单一，不能很好地充分发挥各项施工资质的最大价值，如何将产品组合优化是施工企业现存的重大问题。

关于施工企业在产品组合方面的问题，具体表现在以下两个方面。

第一，一些施工企业虽然具备较高的工程资质，但如果去竞争较大的项目，优势不是很明显。

第二，建筑工程一般会与公路项目总包在一起，企业只能通过专业分包的形式去承揽工程，其中利润会有所降低。

针对第一个问题，施工企业可以考虑以联合体的形式去参与竞标。

（三）管理制度的问题

一些施工国企的惯性思维会制约企业的发展，可以说，国企的思维固化成了其实现高速发展的一大障碍。

关于施工企业在管理制度方面的问题，具体表现在以下三个方面。

第一，一些企业对于施工队伍的建设不够重视，市场中的各种质量与安全事故屡见不鲜。造成事故发生的原因就是施工队伍的施工水平与管理水平达不到要求。从长远角度看，企业应重视施工队伍的培养，做好打硬仗的准备。

第二，一些企业在薪酬制度上缺乏创新性。员工达到一定能力时，相应的薪酬待遇却难以达到一般的地域市场水平，导致了人才的大量流失。

第三，一些企业针对现阶段的主营业务的投入有待提升。业务经营市场还仅限于本地市场，省内市场、省外市场的占有份额偏低。

（四）企业品牌的问题

施工企业经过多年的创新和发展，往往可以取得很多辉煌的成绩，为自己塑造品牌优势。但是，在这种情况下，企业在品牌塑造方面也会出现一定的问题。

关于施工企业在品牌方面的问题，具体表现在以下两个方面。

第一，一些企业的经营模式大多是借助于个人或者分公司的内部资源去寻找项目，占到全部合同金额的一半以上。而在整个市场环境中没有真正做到主动出击。

第二，一些企业的文化建设、内部制度还不完善，其中许多职能部门的业务衔接需要进一步磨合。

针对第一个问题，企业可以努力在全国范围内打开市场，利用互联网、自媒体等手段宣传业务。

二、水利工程施工企业存在问题的成因

（一）人才招聘及考核模式较为粗放

在人力资源管理方面，一些企业目前的招聘模式从整体上看比较粗放。招聘工作主要由综合办公室负责，但综合办公室由于在人力资源管理方面的知识较为匮乏，不能够对岗位设置和招聘目标有一个清晰的认知。因此，在招聘工作方面，无法为管理层提出有效的意见建议，导致应聘者与招聘岗位的契合度不高，往往造成只有部分技术性、专业性要求较高的岗位才能满足既定要求。

同时，部门领导在很大程度上能够影响甚至直接决定招聘录用的结果，企业在招聘过程中有时会出现任人唯亲的现象，导致企业难以引进或留住没有过多背景的优秀员工。

此外，再加上在实际经营中，一些企业由于本身规模较小、员工数量有限，不能很好地贯彻和执行不相容职务分离制度，缺少足够的人员来承担互不相容的工作，经常会出现一人身兼数职甚至同时担任不相容职务的情况。

在绩效考核方面，部分企业缺乏一致性、系统性。企业管理层的主观评价往往决定了员工的绩效考核成绩。但在实际工作中，管理层与员工并没有过多的接触机会，管理层不能够全面了解员工的工作状态和思想动态，对员工的评价也缺乏科学客观的考核依据。企业的奖励与处罚并没有体现透明性，在一定程度上打击了员工的积极性，慢慢导致员工丧失对企业的信心和认同感。

（二）企业的管理水平偏低

一个企业能够正常有序地发展，离不开优秀的管理团队。企业不论采用哪种管理模式都要体现企业的经营特点，而且需要贴合市场环境和自身的实际状况。在与企业的战略发展目标紧密结合起来的同时，做好开源节流的控制，只有把资源配置、风险防控等战略目标平衡好，在管理上才能取得好成绩。然而，在现阶段，一些企业的管理水平是偏低的，难以支撑其健康发展。

（三）企业文化建设停留在表面

一些施工企业的文化建设大多停留在表面，虽一直提倡重视企业文化，但是团队建设活动少之又少。

企业文化看似微不足道、可有可无，但在实际的市场竞争中企业文化的较量就是公司之间激烈竞争的缩影。大多数企业在企业文化建设方面还不完善，各个方面都有很大的提升空间。只有把企业文化建设做好，在激烈的市场竞争中才能有底气、有内涵。一味只搞业绩的公司是不完整的，没有企业文化的公司是没有灵魂的，只有将二者结合起来，才能将公司推向一个新的高度。

（四）市场的竞争激烈

目前，国家对于水利工程建设的重点从大型水利水电项目转移到了水生态环境治理工程。虽然中国水利水电市场的份额巨大，但随着国家发展战略的转移，在相同市场的竞争环境下，资质高的企业可以向下兼容，能够与地方小企业竞争。而一些地方小企业为了生存只能通过降低成本和利润的方法获取市场。在这种背景下，我国水利施工企业互相进行着激烈的竞争。

（五）信息沟通不完善

目前，一些施工企业各部门之间缺乏有效沟通，只有少数员工认为可以及时获得企业内部信息，无论是部门之间还是部门内部，都存在信息交流沟通不顺畅的现象。这主要是由于内部信息系统缺乏规划与设计及水利信息化人才短缺。

1. 内部信息系统缺乏规划与设计

一些施工企业对信息系统缺乏统一的规划与设计，没有及时优化整合采购信息、财务信息、人力资源信息等。各部门无法第一时间从现有的信息系统上提取有效信息，无法充分利用现有的信息资源，以至于在工作中各自为政、互不衔接。

在会计信息系统使用方面，一些企业会充分利用一些财务软件实现会计信息系统的自动化，但这仅限于财务部内部，并没有涵盖其他部门，导致企业会计无法及时获取到经营业务信息，也就无法实现企业信息资源共享的目标。

在信息传递系统方面，虽然目前很多企业在各部门间普及了 OA 系统，但因企业部门内部员工疲于应对各种繁杂事务，没有多余时间将本部门现有的信息资源及时整合并上传至 OA 系统；加之他们平时与其他部门沟通交流的机会较少，遇到突发问题时往往倾向于从自身角度出发去思考如何解决问题，无法形成有效的信息沟通闭环。

由于对信息传递缺乏规划与设计，企业管理层与执行层之间也不能形成清晰完整的决策传达渠道，管理层的一些决策内容不能第一时间传递到企业的职能部门，造成企业执行层无法及时掌握有效的决策信息，一定程度上影响了企业的正常经营与管理。即使相关政策文件能够立即传至相关部门，部门经理往往也只是将新政策口头通知基层员工，没有形成正式书面文件，导致基层员工无法及时认清新政策的重要性，也不会第一时间落实新政策。

在问题反馈方面，部分企业中只有少数员工会向管理层反映实际工作中遇到的问题，而有些员工甚至根本不了解应该以什么渠道向管理层反映工作问题及所发现的企业经营管理存在的风险，造成双方存在信息不对等的情况。因此制定的相关风险防范措施可能并不符合企业的实际经营情况，无形中增加了企业的经营风险。

2. 水利信息化人才短缺

信息与沟通存在问题的另一个重要原因就是一些施工企业缺少专业的水利信息化人才。

一方面，当前一些企业的管理人员的计算机操作水平还不是很高，再加上企业不够重视内部信息化建设，在人才选用方面并未吸收招聘高水平的水利信息化人才，这就造成企业在信息化建设方面的人才储备严重不足。

另一方面，一些企业在人才培养工作中始终没有开展过与水利信息化相关的专业培训，在晋升过程中也较少对有水利信息化技术优势的人才予以优先考虑，导致企业整体的水利信息化专业水平停滞不前，以至于在建设信息化系统时企业需要外包信息化团队。

（六）内部监督不健全

1.监管评价机制不健全

随着全球经济一体化、市场经济的进一步发展，监管评价机制的建立作为企业内部监督方面的一项基础性、常规性工作显得尤为重要，其主要作用就是防范企业风险，减少企业的经济损失。当前，一些施工企业的监管评价体系软弱主要是企业内部的监管评价机制不健全导致的。

一方面，一些企业没有及时发布相关的内部监督管理制度。无论是对财务的监督管理，还是对水利工程相关业务的监管都缺少制度依据，相关人员会放松警惕，相关负责人难以及时发现存在的风险隐患，很容易导致企业面临重大风险。

另一方面，内部监督审计缺少独立性。通过分析企业组织架构不难发现，一些施工企业缺少独立的内部审计部门，对于一些需要监督审计的内容往往是派财务部人员去审查内部控制工作的完成情况。因此，缺乏独立的审计部门对企业各项业务流程进行监督。再加上企业部门之间的岗位工作内容各不相同，部门之间存在工作上的鸿沟，即使财务人员抽查岗位工作内容也可能无法发现问题所在。在实际内部控制管理中，只要经办人履行 OA 管理系统中的相关审批流程，其业务流程就算完成了，不会有专人去审查该业务流程的审批是否合规。

2.审计人员未完全尽到义务

审计工作作为监管评价体系的重要一环，其落实与否直接影响到监管评价功能。但由于一些企业的审计人员职业素养不高、审计执行力度较弱，内部审计过程出现了敷衍了事的情况。审计工作大多属于事后审计，与水利工程项目的阶段性、持续性审计工作特点相悖，使得企业内部审计达不到应有的内部控制效果。再有，企业对个别固定资产的处置过程不够严谨，未经过管理层的批准同意和内部审计人员的监督，就对固定资产进行处理，无形中增加了个人徇私舞弊的空间。

第二节　水利工程施工现场现状

一、水利工程施工现场存在的问题

（一）施工现场质量管理存在的问题

1. 质量意识较弱

虽然施工单位制定了相关质量制度，但还是有不少人员的质量意识不够强，对整个工程的质量没有大局观。这个问题不但体现在施工人员身上，也体现在管理人员身上。他们认为出现的问题都是小问题，不会影响工程的运行，不会造成质量事故。可能质量方面的大问题没有，小问题却时有发生。

2. 管理效果差

水利工程总施工单位的现场管理人员主要是项目经理，项目经理并不是施工单位的法人代表，在员工中的威信比较差，有时会出现施工人员不听从项目经理的指挥和管理的情况。

3. 质量资料不齐全

在工程竣工验收阶段，要搜集所有参建单位的资料，包括建设单位、监理单位、施工单位和业主单位。这里说的质量资料不齐全主要是施工单位的资料不齐全。施工单位的法人代表对质量资料不够重视，往往是某个分部工程已经完成，但是相关的资料还不齐全，缺少很多相关资料，还有就是质量资料比较乱，没有归纳整理及归档。

4. 质量监督力度不够

监理单位和政府监督部门是水利工程施工质量的主要监管部门。在工程施工过程中，一些监管部门对施工质量的监督力度不够。监理单位对施工过程的监理不到位，现场监理工程师并不是每个施工工序都在场监督，可能会出现某个工序被下一个工序掩盖，施工后很难再发现质量问题的情况。所以，监理的不到场监督可能会造成某个工序质量的遗漏，进而对后面的施工质量管理产生影响。

5. 监督工作手段落后

水利工程质量监督工作人员在对施工现场进行检查时，只能借助于自身的经验进入现场直接查看或观察，对钢筋保护层、混凝土、钢结构、砂浆的相关质量指标不能采用先进可靠的工具开展动态测量，即便进入现场也不能真正把握项目质量的实际情况，只能对项目质量加以推测。

根据国家针对工程质量监督机构和人员出台的规定，水利工程质量监督机构应当配备对工程建设质量进行检查所需要的仪器、设备以及工具等。

（二）施工现场安全管理存在的问题

1. 不同工种交叉施工

一般来说，由于水利工程在建设过程中可能会遇到河流的汛期，所以很多施工单位为了避免施工受到影响，一般都会采取不同工种交叉施工的方式。但是这种施工模式，也增加了施工现场安全管理的难度。

另外，在水利工程施工现场经常会利用爆破开挖技术进行施工，在进行爆破开挖时很容易发生事故，并且很有可能会埋下安全隐患，从而导致施工受到影响。

2. 施工安全管理意识薄弱

水利工程是一项大规模的建设工程，施工时间较长、跨度较大，有的施工单位为了能够更快完成施工，会不断地督促施工人员加快进度。在施工进度不断加快的过程中，势必会产生一些安全隐患，再加上管理人员的疏忽，最终将会给整个水利工程带来极其严重的影响。

此外，安全事故发生的一瞬间不仅会威胁到员工的生命安全，而且安全事故的发生势必会影响施工进度，对整个工程造成不可磨灭的影响。

二、水利工程施工现场存在问题的成因

（一）管理体系有待完善

当前在部分水利工程中，企业仍旧使用传统的现场管理模式，管理体系内容与实际管理情况存在出入，无法为具体管理工作的开展提供明确、合理的参照，具体表现为各部门人员职责范围模糊、存在管理盲区、交叉管理等。这些问题的存在，限制了工程施工现场管理水平与效率的进一步提升，在工程建设期间容易出现违章操作、反复施工、工期延长等状况。

（二）监督工作模式陈旧

各类水利工程的施工难度和工程量不尽相同，因此也对水利工程质量监督工

作提出了新的要求。但目前一些水利工程的质量监督工作仍沿袭旧的监管模式，无法满足现在的工作需要。

目前，监督机构的工作不像是站在政府的角度对工程建设质量进行监管，而是类似于监理单位的管理模式。流程式的监督导致对全部工程实施监管力不从心，也违背了当前工程质量监督机构的改革方向。

第四章　水利工程施工质量管理

　　水利工程在我国公共工程中占据着重要地位，在灌溉、防洪等方面发挥着关键性作用，对于国计民生具有至关重要的意义。为有效保障水利工程建设质量，必须采取有效途径加强水利工程施工质量管理。本章分为质量管理与质量控制、水利工程质量管理规定、水利工程质量事故分析、水利工程质量体系建立、水利工程施工质量评定五部分，主要包括质量管理、质量控制、水利工程质量管理的相关规定等内容。

第一节　质量管理与质量控制

一、质量管理

（一）质量管理的概念

　　质量管理是对确定和达到质量所必需的全部职能和活动的管理。其中包括质量方针的制定及所有产品、过程或服务方面的质量保证和质量控制的组织、实施。

　　质量管理的目的是实现质量目标。在某项工作开始前，要对该项工作进行一个质量策划，制定最终产品或服务的质量目标；在工作进行过程中，套用提前制定的或者公司通用的质量管理体系来对工作过程进行管控。

（二）全面质量管理理论

　　全面质量管理最早由美国统计学家阿曼德提出的，该理论一经问世，便在企业管理领域大为盛行。相比传统的质量检验方法，全面质量管理将企业产品生产涉及的各个环节纳入在内，包括研发、生产、保障等内容，形成覆盖全流程的质量优化运行体系。其立足点依然是满足客户需求，在此基础上通过系列化的管控，实现流程优化，确保产品质量。而要实现这一点，离不开前期细致、全面的调研。

结合市场反馈调整优化流程，也是全面质量管理体系尤为看重的一个重要内容。

从以上表述来看，全面质量管理要实现的目标有两个，在全面分析员工对质量需求的前提下，既要让客户对产品质量满意，也要保证企业能够盈利。

1. 全面质量管理的特点

首先，全面质量管理的立足点为满足客户需求，无论产品还是服务，均要以满足客户需要为前提。围绕这一目标，铺排整体工作，将这一理念贯穿全面质量管理的整个流程。

其次，全面质量管理诞生于产品生产之前，这也是全面质量管理优于传统质量管理的一个重要特性。市场经济繁荣发展，企业管理水平逐渐提升，对产品的质量把控不仅仅是事中干预，还需要事前控制。具体而言，全面质量管理体系会在产品投产之前，做好市场规划、产品规划、产品策略等方面的质量管理工作。

再次，落实全面质量管理，需要不同部门、岗位的员工倾力配合。

最后，全面质量管理的目标设定需要建立在前期对市场的信息数据进行调研的基础上。这一表述有两层含义，其一是要结合市场信息设置质量管理目标、铺排质量管理工作；其二是要动态性地收集信息，并灵活调整不同阶段的质量管理目标并铺排工作。

2. 全面质量管理的技术方法

（1）因果分析图

因果分析图是理论界剖析问题、推动分工合作的重要研究技术，因其形象该方法通常被称为鱼骨图。应用该方法能较为直观、全面地阐述事物演变流程以及与其存在内在相关逻辑的各个要素。箭头用以联系原因、结果。每一个小节点是一个原因。该方法尤其适用于小组讨论问题，结合该方法小组成员展开头脑风暴，快速分析全面质量管理的关键问题以及内在逻辑。

具体来看，应用鱼骨图解析问题要遵循以下步骤和原则。

首先，要求全员参与鱼骨图的制定，要求不同岗位的员工结合自身看法，与其他小组成员展开讨论。

其次，抓住影响产品质量管理的关键问题，并深入剖析产生问题的原因。

再次，遵循从左至右的绘图分析原则，即需要解决的问题放置于鱼骨图的右侧终端，整个问题的绘图研究走向为从左至右，将关键问题层层展开，找寻对应的关键节点，并在此基础上明确对应的解决措施。

最后，将分析内容记录在案。

（2）PDCA 循环

PDCA 循环是一个过程，包括计划、执行、检查与处理这四大环节，这四大环节分别对应质量管理的关键部分。PDCA 循环是实现全面质量管理的基础工具。PDCA 循环也被称为戴明环，但该循环体系并非由戴明环提出，而是由他发扬光大的。

解析 PDCA 循环，首先需要分析 PDCA 循环的各个组成部分。P 阶段对应计划环节，这一阶段主要是制定全面质量管理的目标并设定计划；D 阶段对应执行环节，执行前述流程中设定好的计划；C 阶段对应检查环节，这一阶段要求通过梳理节点工作内容并结合市场反馈信息，检查流程遍历过程存在的问题，验证是否达成目标；A 阶段对应处理环节，这一环节的主要工作内容是结合前述阶段的分析结果，剔除循环中的糟粕，通过增删改查的方式优化 PDCA 循环，若未完成目标，则开始下一轮循环。

PDCA 为循环推动的全面质量管理工具，这种循环以质量目标为导向螺旋上升。一个循环的结束并不意味着循环的终结，循环终结与否只与质量目标是否达成相关。若未达成目标，则重新循环，直到达成目标后该循环方能停止。

二、质量控制

（一）质量控制的概念

所谓质量控制就是为达到质量要求所采取的作业技术和活动。香农在他的管理学书中这样解释道："控制技术和行为的目的是确保最大限度地按照管理者的思路完成相关任务。"也就是说，质量控制就是通过对质量形成过程进行监视，对这个过程中所有造成不满意或不合格效果的因素进行调整消除。质量控制的目标就是确保产品或服务质量能满足要求，这个目标包括明示的、习惯上隐含的或必须履行的规定。

施工现场管理是最主要的质量控制活动，施工现场的管理与是否有合同无关，是指通过技术措施和管理措施方面的活动来达成或保持质量。实施这些技术措施和管理措施的过程称为质量控制过程，质量控制的过程大致分为七个步骤，具体如下。

第一，选择控制对象。

第二，选择需要监控的质量特性值。

第三，确定规格标准，详细说明质量特性。

第四，选定能准确测量该特性值或对应的过程参数的检测仪表，或自制测量手段。

第五，进行实际测试并记录好数据。

第六，分析实际与规格之间存在差异的原因。

第七，采取相应的纠正措施。

当采取相应的纠正措施后，仍然要对过程进行监测，将过程保持在新的控制水准上。一旦出现新的影响因子，还需要测量数据、分析原因并进行纠正。因此，这七个步骤形成了一个封闭式流程，称为"反馈环"。

从这个质量控制过程是否可以进行自动循环的角度进行划分，可以分为闭环控制和开环控制。闭环控制又叫自动控制，这种控制系统的特点就是可以通过强大的反馈系统自动控制和管理监控整个过程，以此来形成过程的闭环。开环控制也叫非自动控制，控制系统需要一个外部检测系统或者一个外部媒介来形成闭合回路。

不管是开环控制还是闭环控制，只有让质量控制形成循环才能算是完成了质量控制。因此，在这个质量控制循环中，反馈变得相当重要。但并不是所有的质量控制都必须在反馈机制下达成，在某些情况下质量控制方法也会有变化。

（二）质量控制的特点

施工项目的整个施工过程复杂，环节多、涉面广，牵扯多方的利益，并且不同的项目都有自己特定的要求，施工的方法、工艺、环境也各不相同。因此，施工项目的质量控制难度较高，并有以下几个方面的特点。

1.容易产生判定错误

需要根据大量的质量数据对项目施工的过程或结果进行分析和判断。然而，大多数的工程项目具有一定的复杂性，往往施工过程很长、涉及的施工环节众多、工序复杂，这些过程、流程、环节会产生大量的数据，这些原始的数据需要进行一定的整理和分析。由于处理这些数据和信息对于人员的要求很高，并且数据会有一定的滞后性，这就容易导致相关人员在看到这些数据时会产生误判，错误决策，从而影响到施工质量目标的实现。

2.易受资金、进度的影响

建设项目的施工质量问题容易受到资金、进度的影响，三者是相互影响、相互制约的。通常来说，施工项目的进度越慢，施工质量越好，进度越快，施工质量越不容易得到保障。而且，进度的快慢也受资金的影响。

3. 项目一次性

建设项目与普通的产品是有区别的，建设项目因为投入较高，在施工的过程中，如果发现了质量问题，弥补的成本会很高昂。跟普通的产品不一样的是，它很难进行拆除。

此外，建设项目有很多隐蔽工程，很难像普通产品一样进行拆卸检查。因此，为了确保施工质量能够达到预期的要求，要重视项目施工过程中的阶段性检验。

（三）质量控制的流程

质量控制的流程概括为以下五个环节：投入、转换、反馈、对比、纠正。这五个环节相对独立，又相互影响，环环相扣且十分重要。

1. 投入

投入环节是质量控制流程的开始阶段。在这一阶段中，需要在项目中投入包括资金、人员、原材料、机械设备等多重元素，并且要按照项目开始时设定的计划来进行投入，以此来保障项目按照计划进行。

2. 转换

投入环节过后就进入了转换环节。在这一环节中，之前提到的各种影响因素都会不同程度地发挥作用，易使质量目标偏离原来预定的轨道。在这一阶段中，要重点了解项目的进展情况，各项目利益相关方都要做好笔记，多进行沟通，如果出现了质量问题，也能够及时采取纠偏措施。

3. 反馈

转换环节过后就进入了项目的反馈环节。在这一环节中，变化是会随时出现的，各种变量都会对项目产生不同程度的影响。在这一阶段中，要及时掌握各种变量的变化，进行及时的反馈。

4. 对比

反馈环节过后项目就进入了对比环节。在这一阶段中，要根据项目各环节反馈的信息，将现有的项目进展情况同项目的分解目标进行比较，通过比较，来确定项目建设的过程同建设目标的匹配程度，判断是否发生了偏移。

5. 纠正

质量控制流程的最后一个环节是纠正环节。如果在上一个对比环节发现了项目进展与项目建设目标存在不匹配的情况，就需要在这一阶段进行纠偏。纠偏的主要方式有三种：第一种方式是直接纠偏，第二种是适当修改计划，第三种方式是重新设定实施计划。

第二节　水利工程质量管理规定

一、水利工程质量管理的相关规定

（一）工程质量管理体制方面的规定

水利部于 1997 年颁布了《水利工程质量管理规定》（2017 年进行了修正），其中提出了明确的质量管理体制要求，具体内容如下。

水利部负责全国水利工程质量管理工作；各流域机构负责本流域由流域机构管辖的水利工程的质量管理工作，指导各地方水行政主管部门的质量管理工作；各省、自治区、直辖市水行政主管部门负责本行政区域内水利工程的质量管理工作。而且，水利工程质量实行项目法人（建设单位）负责、监理单位控制、施工单位保证和政府监督相结合的质量管理体制。

这种明确的工程质量管理体制，使工程各方面都对工程质量负责，改变了过去那种对工程质量片面追求部分单位责任的现象，从而为提高工程质量提供了完善的体制观念和体制保障。

（二）工程质量监督管理方面的规定

《水利工程质量监督管理规定》规定，水行政主管部门主管水利工程质量监督工作。水利工程质量监督机构是水行政主管部门对水利工程质量进行监督管理的专职机构，对水利工程质量进行强制性的监督管理。

水利部主管全国水利工程质量监督工作，水利工程质量监督机构按国家级总站、省级中心站、地（市）级站、县（区）级站（分站）四级设置，具体如下。

第一级，水利部设全国水利工程建设质量与安全监督总站，水利水电规划设计管理局设置水利工程设计质量监督分站，各流域机构（水利部长江水利委员会、黄河水利委员会、淮河水利委员会、海河水利委员会、珠江水利委员会、松辽水利委员会、太湖流域管理局）设置流域水利工程质量与安全监督分站作为总站的派出机构。

第二级，各省、自治区、直辖市水利（水电）厅（局），新疆生产建设兵团水利局设置水利工程建设质量与安全监督中心站。

第三级，各地（市）水利（水电、水务）局设置水利工程建设质量与安全监督站，大中型水利项目根据需要设置工程项目质量监督站（组）。

第四级，各省（自治区、直辖市）、地（市）根据工程建设管理实际需要，可自行设置县（区）级质量监督机构。

二、对贯彻执行水利工程质量管理规定的建议

（一）健全质量监督机构

1. 理顺质量监督机构职能

（1）统一质量监督职能

水利工程质量监督机构具有维护公共利益的性质，这就决定了它的职能。一些地区的水利工程质量监督机构地位不明确，这就需要法律上明确相应的水利工程质量监督机构的职能定位。

具体来讲，可以将目前规定的水行政主管部门具有的水利工程质量监督职能可以授权、委托监督机构实施，改为由水行政主管部门直接负责，或者由一个行政部门管理所有行业的工程质量监督工作，将责任进行明确，能够有效避免职能重叠。

（2）明确质量监督机构的行政机关定位

一些地区的水利工程质量监督机构全部为事业单位，无行政职能。基于此，应当将质量监督机构改革为行政机关，提高监督工作的权威性和严肃性。

质量监督机构是依照法律成立的监督部门，应当被明确为行政机关，具有维护公共利益的属性，工作关系到人民群众的切身利益。只有质量监督机构的行政机关性质得到明确，地位得到提高，职能得到赋予，才能使监督工作水平得到提高。

（3）将行政处罚权与质量监督权进行合一

倘若将水利工程建设质量监督机构转变为行政机关，在开展水利工程质量监督工作的同时，也应当负责涉及工程质量方面的行政处罚。如果没有行政处罚权，势必会对质监机构的权威性造成损害。将行政处罚权与监督权进行合一，才能使工作效率得到提高，进一步保障质监机构的权威。

2. 明确质量监督机构权责

（1）确保独立性

水利工程质量监督机构应该拥有完整、独立的法人身份，这样能够有效确保

其严格按照有关制度、行业标准实行监督管理。而确保独立性就需要拥有专职工作人员，设立独立的场所用于办公，配置专门的设备设施，划拨充足、稳定的办公经费。

（2）推进权责统一

要确保各级质监机构都能发展成专业技术团队，就必须要确保其责任和权利高度统一。只有确保其责任和权力高度统一，质量监督机构才能成为独立、完整、高效的单位。同时，质量监督机构的人员必须承担与权力相匹配的义务、责任，避免导致权力寻租。

根据水利项目当前的市场情况，为了进一步强化质量监督机构对于整个市场的适应性，有必要对有关法律法规，比如《水利工程质量监督管理规定》进行完善，增设县一级质量监督站，并且赋予质量监督站法律地位和身份，给予其工作性质方面的法律上的支持。此外，还需要制定法律条文以及规章制度明确各级质监机构的责任，厘清其职责，避免工作中漏洞的出现，从根本上杜绝权力寻租问题的出现。

（二）抓好对相关规定的宣传工作

为了使水利建设健康发展，必须认真抓好水利工程质量管理方面的相关规定的宣传工作，要求项目法人、设计、施工、监理各方均能按相关规定承担各方应承担的责任；组织不同形式的宣讲、研讨或培训班，使更多的人掌握相关规定的内容及要求，并在实践中予以贯彻实施。

（三）加大对监督和质检人员的培训力度

考虑到水利工程质量监督和质检工作具有专业技术性和行政执法性，而且具有突出的综合管理特征。因此，这一工作通常情况下需要一线人员承担。一线人员的素质能力对于工作质量和团队水平有决定性的影响。为了有效提高团队素养，需要采取下列四方面措施。

第一，应当加强对监督和质检人员的政治思想教育，要求工作人员能够妥善处理各类主体之间的利益关系，能够保持廉洁自律，维护机构形象。

第二，水利工程质量监督和质检方面的工作人员必须充分掌握相关法律以及标准体系、专业知识、水利工程质量抽样检测方法，能够熟练运用电子计算机、经纬仪、全站仪、回弹仪等常用检测仪器，熟悉监督工作的相关程序。

第三，强化监督和质检人员的法律及专业教育培训，进一步提高工作人员的能力。

第四，监督和质检人员同时需要具备良好的管理能力，所以有必要加强管理培训，如此才能够更好地满足人员的素质和能力需求。

第三节　水利工程质量事故分析

一、水利工程质量事故概述

（一）水利工程质量事故的界定

根据国家《质量管理体系基础和术语》的规定，凡是工程产品的质量没有满足某个规定的要求，就称为质量不合格，而没有满足预期或者规定用途相关的要求，就称为质量缺陷。凡是工程质量不合格的，都必须进行返修、加固或者报废处理，而由此造成的直接经济损失低于 5 000 元的称为质量问题。

建设、勘察、设计、施工或者监理等单位违反国家相关法律法规或相关建设标准，使得建设工程在适用性、可靠性、安全性、经济性、环境的协调性及耐久性等方面出现较大缺陷，造成人员伤亡或者直接经济损失在 5 000 元（含 5 000 元）以上的则称为质量事故。

根据《水利工程质量事故处理暂行规定》，水利工程质量事故则是指在水利工程建设过程中，由于建设管理、监理、勘测、设计、咨询、施工、材料、设备等原因造成工程质量不符合规程、规范和合同规定的质量标准，影响使用寿命和对工程安全运行造成隐患和危害的事件。

（二）水利工程质量事故的分类

按照事故责任进行分类，水利工程质量事故可以分为指导责任事故、操作责任事故以及自然灾害事故。

1. 指导责任事故

将工程指导或者领导失误而造成的质量事故称为指导责任事故。例如，由建设工程项目负责人不按照规范指导工人施工，强令工人违章违规作业，或为了追求进度而放松或不按照质量标准对施工活动进行控制和检验，降低对施工活动的质量要求而造成的质量事故。

2. 操作责任事故

将施工操作者不按照规程或者标准等方面的要求实施操作而造成的质量事故

称为操作责任事故。例如，由混凝土振捣不密实、养护不到位而造成的混凝土质量事故。

3.自然灾害事故

将突然发生的严重自然灾害等不可抗力因素造成的质量事故称为自然灾害事故。例如，由地震、台风、暴雨等因素造成的工程损坏甚至倒塌事故。

二、水利工程质量事故原因分析

水利工程质量事故的分析处理，通常先要进行事故原因分析。在查明原因的基础上，一方面，要寻找处理质量事故的方法和提出防止类似质量事故发生的措施；另一方面，要明确质量事故的责任者，从而明确由谁来承担处理质量事故的费用。

（一）水利工程质量事故原因概述

1.水利工程质量事故原因要素

水利工程质量事故的发生往往是由多种因素造成的，其中最基本的因素有人、材料、机械、方法和环境。

如果其中一种因素或者多种因素同时出现问题，就会导致质量不合格，进而产生质量问题或者质量事故，所以想要减少甚至避免工程质量事故的发生就需要管控好这五个因素。

（1）人的因素

建设工程项目中涉及的人包括直接参与工程施工的决策人员、管理人员和施工作业人员等。人的因素影响主要是指上述人员个人的质量意识以及质量控制能力对施工质量造成的影响。

为了对从事施工作业活动的人员素质以及能力进行管控，我国实行执业资格注册制度以及作业人员持证上岗制度等。施工质量能否合格在很大程度上受人为因素的影响，所以在施工质量的管理方面，需要更多地关注起决定性作用的人的因素，对于施工质量的控制应该以控制人的因素为基本的出发点。人的因素造成的失误应该尽量避免，同时应该不断提高参与施工作业活动人员的素质以及质量控制能力，这样才能有效减少甚至避免工程质量事故。

（2）材料的因素

建设工程项目中涉及的材料包括施工用料以及工程材料，又包括工程项目所需的原材料、半成品、成品、周转材料及构配件等。材料是工程得以施工建成所必需的物质条件，材料质量影响工程质量，因此材料质量是工程质量的基础。

如果材料的质量不符合要求，那么工程的质量就不可能达到标准的要求。因此要加强对材料质量的管控。

（3）机械的因素

建设工程项目中涉及的机械设备包括工程设备、施工机械设备及各类施工器具。其中，工程设备指的是构成工程实体的各种工艺设备及各类机具，例如，配套的电梯和泵机以及通风空调、消防设备等。工程设备是建设工程项目的重要组成部分，它们的质量会直接影响工程的使用功能。施工机械设备指的是在施工过程中使用的各类机具设备，包括各种吊装设备、运输设备、测量仪器、操作工具以及安全设施等。施工方案的实施依赖于施工机械设备，所以施工机械设备是施工所必需的重要物质基础，根据施工现场的具体情况合理选择和正确使用机械设备可以有效减少甚至避免工程质量事故。

（4）方法的因素

建设工程项目中涉及的施工方法包括施工技术方案、施工技术措施以及施工工艺工法等。施工技术及工艺水平的高低决定了施工质量的优劣。所以要选用合理先进的施工技术及工艺，按照规范要求的工法进行施工作业，尽量减少甚至避免工程质量事故。

（5）环境的因素

建设工程项目中涉及的环境因素主要包括施工现场的自然环境因素、施工作业的环境因素以及施工质量管理的环境因素。环境因素对于工程质量的影响是复杂多变且充满不确定性的。

第一，施工现场的自然环境因素主要指的是工程地质、水文及气象以及地下障碍物、周围相邻的建筑物等因素。例如，在一些地下水位高的地区，如果在雨季安排基坑开挖作业，若遇到连续降雨且排水不及时，就会导致基坑塌方等质量问题；如果在刮大风的天气情况下进行屋面防水层卷材的施工，就导致卷材粘贴不牢或者空鼓等质量问题。

第二，施工作业的环境因素主要指的是施工作业现场的平面以及空间环境条件，施工照明、通风、现场的安全防护设施以及道路和交通运输条件等因素。施工作业的环境因素直接影响到施工作业能否顺利进行，进而影响到施工质量。

第三，施工质量管理的环境因素主要指的是施工单位的质量管理体系、质量管理制度等因素。应该根据建设工程项目的实际情况建立统一的施工现场组织系统和质量管理的综合运行机制，营造良好的质量管理环境和氛围，尽量减少甚至避免工程质量事故。

2.引起事故的直接与间接原因

引发质量事故的原因，常可分为直接原因和间接原因两类。

（1）直接原因

主要有人的行为不规范和材料、机械不符合规定状态。例如，设计人员不遵照国家规范设计、施工人员违反规程作业等，都属于人的行为不规范；又如水泥的一些指标不符合要求等，属于材料不符合规定状态。

（2）间接原因

间接原因指质量事故发生场所外的环境因素，如施工管理混乱、质量检查监督工作失责、规章制度缺乏等。

（二）水利工程质量事故致因理论

事故致因理论是探寻事故发生及发展的规律，探究事故全过程，从而揭示事故本质的理论。具有代表性的事故致因理论有事故频发倾向理论、连续事件理论、能量理论、人机环理论等。

1.事故频发倾向理论

事故频发倾向理论认为个别人存在容易发生事故的、稳定的、个人的内在倾向。此类事故频发倾向者往往具有感情多变且喜怒无常、处理问题轻率且浮躁、脾气暴躁、动作生硬且工作效率低下、理解能力以及思考判断能力差、对待工作不细致且无耐心、没人监督时缺乏自控能力等特征。

由于81%的工程质量事故受人的因素影响，所以招聘人员时要格外关注应聘者的性格特点并对其进行分析评价，杜绝聘用具有事故频发倾向的人员，从而有效减少甚至避免工程质量事故。这也是人力资源管理中具有借鉴和参考价值的举措。

2.连续事件理论

连续事件理论认为事故是一系列原因相继发生而导致的结果。这些因素就像多米诺骨牌一样，环环相扣发生连锁反应从而导致事件发生。在所有的原因中人的原因是最主要的，进而可认为所有的事故和危险都是管理失误的体现。若要阻止事件发生，只要断开其中某个事故链即可。这需要通过完善且正确的管理行为来加以控制。

在施工作业人员以及设计人员等人为因素的影响方面需要加强监管，制定奖惩机制以树立他们的质量意识、提高他们的质量活动能力；在材料的影响方面需要严加管控材料的质量，选择信誉度高的供货商，同时做好材料的进场检验工作；在机械的影响方面需要优选机械设备，定期进行机械设备的检查，选择最优的施工技术方案、施工技术措施以及施工工艺工法等；在环境的影响方面，需要监测工程地质、水文、气象以及周围建筑的情况，定期反馈以便为工程项目决策者提供支持，也要建立统一的质量管理体系和制度并加强监督，确保质量管理体系运转正常、质量管理制度落实到位。

3. 能量理论

能量理论认为事故是一种不正常的能量的释放，当能量释放并转移到人体或者设备上且人体或者设备无法承受释放出来的能量时，就会发生风险事故。此类事故主要的预防和控制方式就是约束能量，从而达到防止能量意外释放的目的。

4. 人机环理论

人机环理论将人、机器以及环境作为一个系统来进行分析，认为人、机器和环境之间存在相互作用。如果三者能够协调匹配，使得系统正常运转或者人能够判断发现其中不协调匹配之处并采取措施加以修正，就能够避免事故的发生。

一般来讲，工程质量事故会涉及人员、机械设备以及环境这三个方面，所以这里采用人机环理论进行分析。

建设工程的质量与工程安全密切相关，工程质量隐患常会导致安全事故的发生，而不安全因素又可能会埋下工程质量事故的隐患。工程质量事故的发生原因往往较为复杂，不仅仅受单一因素的影响，有时候是多因素共同作用的结果。施工作业人员不按照图纸设计或者是标准和规范的要求施工、材料质量不符合要求、施工机械选用不合理或者是发生故障、制定的施工技术方案不合理、施工现场照明条件较差或者是气象条件的影响等都会造成工程质量事故。

三、水利工程质量事故处理技术

（一）处理原则及要求

处理原则是迅速确定事故处理范围，排除直接发生事故的部位，再依次检查受事故影响的构件或范围；正确判定事故性质，事故性质包含表面性、实质性、结构性、一般性、迫切性、可缓性等。

处理要求是安全可靠，不留隐患；满足建筑物的功能和使用要求；技术可行，经济合理。工程质量事故处理方案的确定要以分析事故调查报告中的事故原因为基础，结合实地勘察成果，尽量满足建设单位的要求。

（二）处理方案

修补处理是最常用的一类处理方案。属于修补处理类的具体方案很多，如封闭保护、抚慰纠偏、结构补强、表面处理等。

返工处理是指当工程质量未达到规定的标准和要求，存在严重质量缺陷，对结构的使用和安全构成重大影响，且又无法通过修补处理时，对分部工程甚至整个工程进行返工处理。

不做处理的情况包括不影响结构安全和正常使用；虽有些质量缺陷，但经过后续工序可以弥补；虽出现了质量缺陷，经检测鉴定达不到设计要求，但经原设计单位核算，仍能满足使用功能。

第四节　水利工程质量体系建立

一、水利工程的施工质量管理

（一）水利工程施工的特点

水利工程施工具有以下特点。

1.影响因素多

水利工程在施工过程中具有施工面比较多、施工线比较长的特点，同时施工环境相对较差。施工的基础条件与环境的变化是息息相关的，要因地制宜地选择施工方式。

由于每个施工点的地基和地形不同，所以要采用的工艺也不同，可能需要采用新的工艺和创新工艺。

2.涉及单位多

水利工程的施工单位、监理单位、设计单位都是经过招投标选择的。施工单位在施工过程中的管理水平、监理单位对工程质量的监督力度以及设计单位的设计图纸是否因跟实际情况不同而需要进行重大的设计变更都影响着水利工程的施工质量管理。

3.过程控制要求高

水利工程的分部工程比较多，而且每个分部工程的工序比较多，上一道工序的质量会影响下一道工序的质量。施工过程有一定的过程性和隐蔽性，上一道工序的质量可能会被下一道工序的施工过程掩盖，那么就有必要加强质量检测。

4.终检具有局限性

对水利工程的质量进行终检，只能检测表面的工程，因为工程的地质地基已经被工程成品所掩盖，内在的隐蔽的工序的质量无法检测。因此对水利工程的终检具有一定的局限性，那么在施工过程中就要防患于未然。

（二）水利工程施工质量管理的原则

水利工程施工质量管理的过程对最终的工程质量起着关键作用，参与施工质量管理的企业必须掌握管理原则，明确质量管理的具体内容和细节，采用正确的方式方法在实践中认真实施，并不断地去探索和完善质量管理体系，努力提升建筑工程项目的质量。

水利工程施工质量管理的原则如下。

第一，坚持质量第一原则。建筑产品的正常使用寿命决定着人们的生命财产安全，因此必须在项目实施过程中时刻牢记"质量第一"的原则，建造高水准、高质量的工程。

第二，坚持预防为主原则。对施工全过程进行全方位的监督管理，是质量控制的关键。水利工程质量的隐蔽性和最终检验的局限性的特点，决定了必须采取预防为主的原则，加强事前和事中控制，避免后期出现无法解决的质量问题。

第三，坚持以人为本原则。人的因素是影响工程质量的五大因素之一。水利工程项目从无到有都依赖于人去完成，所以必须保证人员本身的职业素质和工作质量，这样才能保证工序的质量，才能提升工程整体质量。

第四，坚持科学、公正、守法原则。水利工程施工质量管理中需要使用科学的管理方法，以事实为依据，在遵循相关法律法规的前提下，客观公正地开展质量管理活动。

第五，坚持一切用数据说话原则。在施工质量管理中应以质量标准为评价尺度，通过质量检查得出实际数据，与质量标准比对后，确定工程质量是否合格。

（三）水利工程施工质量管理体系的主要内容

水利工程施工质量管理主要是对堤防加固工程、护坡和护岸工程、穿堤建筑物工程、金属结构安装等分部工程的施工过程进行质量管理，使工程质量能够达到设计标准。为了实现这个目的，就要对水利工程施工过程中的人员、原材料质量、机械设备质量、施工程序等因素进行管理，及时发现施工过程中的质量隐患，避免工程在竣工验收、投入使用后出现问题。

1. 人员管理

人是施工活动的主体，是管理者也是被管理者。

在施工前加强对施工人员的岗位培训，让施工人员的专业技术理论更加完善，从而促进施工技术的创新，进而提高施工质量。

除此之外，施工单位应采取奖励机制，对主动创新、技术水平高的人员给予一定的奖励，引导施工人员关注技术提升。在施工过程中，施工企业应经常组织施工人员召开交流例会，对施工工艺进行总结和优化，结合实际，让施工人员不断提高施工水平。在项目施工过程中，业主的技术人员或者监理也应对施工人员给予一定的技术建议。

2. 材料管理

材料是工程施工的基础，建设工程质量的优劣在很大程度上都与材料的好坏有关。材料的成本在整个工程成本中占用的流动性资金比较多，直接影响着整个水利工程的造价。在水利工程的施工过程中使用比较多的是水泥、钢筋、粗骨料、细骨料、岩石等。

关于材料的管理，具体来讲，主要有以下两个方面。

（1）从源头抓起，确保施工材料的质量

施工单位在购买原材料的时候要先去本地的市场调研，考察厂家的生产工艺和流程，经过全面的比较后选择最优的厂家进行合作，最大程度避免劣质产品进入工程的建设当中。

（2）做好材料的抽检工作

材料的抽检是很重要的。对于一些重要的材料，必要时需要选择两三个有资质的实验室进行平行检测。

3. 机械设备管理

在工程施工过程中机械设备是必需的，机械设备影响着施工质量的好坏。

具体来讲，机械设备的管理主要包括以下内容。

第一，必须聘请专业的维修保养公司定期对设备进行维修检查，在保证安全使用的同时，保证施工效率和施工质量。

第二，施工机械进场前管理人员应当一一核对合格证、检测报告、环保标识等相关的合格证明材料，并进行登记，确保准确无误后方可允许其进场作业。

第三，在施工过程中要对机械设备进行合理的安排，可以建立相关的动态台账，根据每季度、每月或者每周的施工工作安排设定工作计划，及时抽调相关的机械设备保证满足施工要求。

二、水利工程的建设质量监督

（一）水利工程质量监督的流程

项目正式开工以前，建设单位将首先提供项目的有关资料，并且履行相关手续，以便后期开展质量监督。经隶属质量监督机构批复授权后，项目站行使质量监督站工作职责，根据工程建设需要，负责对参建单位开展质量安全监督检查。

1. 主体工程开工前

项目站对建设单位，也就是项目法人的安全以及质量管理体系、监管方的安全以及质量控制体系、施工方的安全以及质量保障体系、设计方的服务管理体系等进行检查和监督。对于不合规的人员或者单位需要及时通报到建设单位，也就是项目法人，并向隶属质量监督机构书面报告相关情况。

2. 工程施工阶段

工程施工中，监督抽查工程实体防护情况；监督受监工程质量事故的处理，参与安全事故的处理等工作。

3. 项目验收阶段

在此阶段，所有参与主体都会参加对项目各个部分及各个环节的验收工作，对项目施工质量进行评级，形成评估项目质量的监管报告和书面意见。

工程竣工验收后，待项目保质期过后（质保期1年），项目站应及时将有关监督资料整理后报隶属质量监督机构存档，项目站公章及时送隶属质量监督机构封存，并向隶属质量监督机构提交工作总结。

（二）水利工程质量监督的要点

1. 土石方开挖质量监督要点

土石方开挖工程主要包括以下两个方面的监督要点。

（1）水工建筑物岩石基础开挖工程

检查岩石基础、保护层开挖轮廓线、边坡坡度、对边坡的稳定性是否符合设计要求或满足有关规定，对于破碎软弱层、裂隙及地下水等是否按设计要求采取妥善措施进行处理。

（2）水工建筑物地下开挖工程

检查作业方式是否切实可行、安全防护措施是否可靠；检查轴线、标高、断面尺寸误差值等是否控制在规定范围内。

2. 水工混凝土浇筑质量监督要点

水工混凝土浇筑主要包括以下十个方面的监督要点。

第一，检查水泥、砂石骨料、水、掺合料、外加剂是否合格。查验出厂合格证、复验报告、级配筛分试验单、化验试验报告。

第二，查验混凝土配合比试验报告、水灰比和坍落度检验记录。

第三，检查基础面、施工缝的处理情况。

第四，检查模板的稳定性、刚度、强度、表面平整度、光洁程度及接缝严密程度。

第五，检查钢筋是否合格，钢筋加工、安装、接头绑扎质量是否合格，钢筋之间的间距及保护层等尺寸是否符合有关规定。

第六，检查埋件的形式、结构尺寸、规格等是否合格。

第七，检查混凝土配合比、砂石料含水率、拌和物的均匀性是否合格；查看拌和时间记录以及拌和机的完好程度等。

第八，检查运输设备、道路（或管道）、时间是否符合有关规定。

第九，检查混凝土浇筑仓、拌和能力、运输条件、振捣设备以及入仓方式等是否满足混凝土浇筑的要求；抽查混凝土振捣记录，检查混凝土振捣质量及工作缝处理的情况。

第十，检查混凝土养护是否及时，养护的条件和养护时间是否符合有关规定；检查低温、高温、雨天等特殊气候条件下，混凝土浇筑质量的保证措施是否可靠。

3. 灌浆工程质量监督要点

按照不同的灌浆类别，简述监督要点如下。

第一，岩石基础灌浆，检查用于灌浆的材料、灌浆浆液的浓度、钻孔等是否合格；查看品质试验报告、冲洗记录、压水试验报告、灌浆过程记录；检查钻孔和灌浆顺序，孔位、孔深和孔向等偏差是否符合有关规定。

第二，水工隧洞灌浆，检查用于灌浆的材料、水灰比级数、孔位、孔深和孔向等是否合格；检查钻孔灌浆顺序和灌浆效果是否符合规范或设计要求。

第三，混凝土坝接缝灌浆，重点检查用于灌浆的材料质量和灌浆效果；检查灌浆系统布置是否符合设计要求；抽查品质试验报告、灌浆过程记录、水灰比改变记录、吸浆量和灌浆过程压力变化的记录等。

（三）水利工程质量监督体系的优化策略

1.补充专业监督人员

水利工程质量监督机构质量监督人员的数量配置与业务量不匹配，是一些地区急需解决的问题。监督机构应积极与地方编办沟通，保证监督机构编制的配置数量。根据相关要求，机构编制事项需要对以下五方面进行说明。

第一，是否有利于坚持和加强党的全面领导。水利工程质量监督机构依据《中华人民共和国建筑法》等法律法规设立并开展监督工作，监督机构受党委的统一领导，保障监督机构人员编制的数量，有利于坚持和强化党的领导。

第二，与国家的相关法律法规和政策规定是否相符。监督机构人员配置数量应当满足地方的质量监督人员配备需求，合乎相关政策规定。

第三，是否适应社会和经济发展需求，是否符合政府财政能力，是否有利于解决实际问题。目前，监督机构的人员编制及数量不适应社会经济发展的需要，导致监督人员超负荷工作，继而难以保证监督工作的有效性，发生质量安全事故的概率较大。监督机构编制数量的增加适应当前经济社会发展的需要，能够切实解决实际问题，符合国家和人民的利益。

第四，合理性和科学性如何，是否充分考虑其他解决方案和办法。考虑到监督工作要求公正、严肃、权威，因此无法通过购买服务等方式解决人员力量不足的问题，且监督工作属于执法监督工作，其他人员无法替代公务人员。

第五，对于可能出现的困难和问题是否客观全面地开展分析，提出具有针对性的解决方案。目前，一些水利工程质量监督机构一直采用人员借调等方式缓解人员不足的困难，但无法从根本上解决这一问题。所以，监督机构改革的重点是保障监督机构人员编制配置数量，这是从实际出发最可行、最有效的解决措施。

考虑到对水利工程项目质量进行监督的专业性较强，而且非常特殊，承担这一职责的人员不仅要具备强烈的责任心，有较强的专业技术，而且对于工作也要非常专注，因此必须由专职人员承担这一职责。可以考虑公开招考，招录能够满足岗位要求的专业人员，确保监督团队的专业程度。此外，对于新聘人员必须开展专业入职培训，确保到岗人员都具备专业技能和较强的胜任力。

2.创新质量监督方式

新时期水利工程质量监督工作只能加强，不能削弱，强化行业监督管理。一是改变原来的预约式、通知式的监督检查方式，加强巡回检查、暗访检查和随机抽查，保证检查内容和部位能够真实反映施工的真实状况。二是推进实体质量监督，改变传统凭个人经验、眼看手摸等缺乏科学性和权威性的方式，由被动转为主动，主动作为，充分运用混凝土回弹仪、超声波检测仪等专业检测设备，委托开展质量监督"飞检"。三是必要时政府购买技术服务，强化质量监督管理。

3.保障质量监督经费

从2009年开始，我国取消了水利工程质量监督机构的质量监督费用，各项工作经费完全由政府财政承担。监督机构和监督对象之间不再有经济往来，因此能够有效避免可能出现的不公正、不公平的问题。不过考虑到政府财政实力存在差异，许多地方财政事实上并不能保证经费支持。

在这种背景下，有必要参考外国经验，将质量监督和管理费用纳入项目投资预算之中。只要项目投资到位，财政部可以从项目投资中按特定比例直接提取质量管理和监督费用，并且根据项目进度及时划拨费用。

使用资金的情况需接受全面审计，使用工程审计方法，对财政部门管理和监督经费的拨付情况进行监督和审计。为了有效地保障水利工程质量监督合理科学，必须要在监督机构安排专业人员以及专业设备。在水利工程建设现场进行检查时，尽量运用先进的设备和仪器获取相关质量有关数据，加以整理得出可靠而且科学的结论，尽量减少肉眼观察或者是主观判断。

4.加强监督工作考核

水利工程质量监督的性质是执法监督工作。在明确承担监督职责的机构之后，可能出现局部垄断性，导致不完全竞争，是一种委托代理。考虑到委托代理可能导致逆向选择的问题，委托人（政府）必须制定有效的激励制度保障监督人员严格执法。

为加强对水利工程质量监督人员的管理，增强其工作责任心，应由上级行政主管部门联合本级质量监督机构对下级质量监督机构进行考核并对相关人员实施惩处和激励。例如，建立优劳优得的激励机制。质量监督工作人员所监督的项目获得奖项的同时，对其进行公开表扬、提升待遇。这种方式，不仅能够激发人员的工作积极性，而且还能够进一步保障工作力度，使质量安全事故防患于未然；

既激励了监督人员，又带动了建设单位先创优，有效地促进了整个行业的发展。一旦发现工作人员徇私舞弊、滥用职权或玩忽职守，必须严格处分，必要时追究刑事责任。

为了强化质量监督工作人员的监督能力、保证质量监督工作的效果，制定水利工程质量监督工作人员的绩效指标时，应当包含监督人员的道德素质、业务能力、工作态度、取得的业绩、监督行为、外部评价等内容。

第五节　水利工程施工质量评定

一、水利工程施工质量评定的作用

（一）提升施工质量管理水平

对水利工程项目的质量管理进行评价，可以帮助企业挖掘施工质量管理中的优秀做法；在评价过程中，也可以识别出质量管理工作中的薄弱环节，从而帮助企业开展更加有效的质量管理改进工作，从而提高水利工程施工质量管理水平和工程实体质量。

（二）为企业发展提供参考信息

企业可以通过建立科学的水利工程施工质量评定体系，对所建项目的质量管理进行评估，从而得出企业总体的质量管理水平。这可以为今后的市场开拓、企业资质定级和质量评优等工作提供有效的参考信息。

二、水利工程施工质量评定的标准

（一）单元工程质量评定标准

①部分单元工程可以通过项目划分获得多个工序工程，但是也有部分单元工程不能被划分。单元工程的质量评定等级依据《单元工程评定标准》及工程合同中的约定事项进行判断。评定的具体内容在《水利水电工程施工质量评定表填表说明与示例》中获取，评定后将评定结果按要求填至表格中。

其一，针对划分工序的单元工程的施工质量评定。首先评定工序工程的施工质量，工序工程包含众多检验项目。检验项目分为主控项目和一般项目两大类，检验项目的合格率是工序工程施工质量评定的基础。工序质量等级评定标准如表4-1所示。

表 4-1　工序质量等级评定标准

质量等级	工序检验项目		报验资料
	主控项目	一般项目	
合格	全部合格	逐项 70％及以上的检验点合格，且不合格点应不集中分布	符合标准 SL 632—2012 的要求
优良	全部合格	逐项 90％及以上的检验点合格	

依据标准对工序进行质量评定后，进行单元工程的质量评定。单元工程的质量评定是在工序评定为合格的基础上进行的。按《水利水电工程单元工程施工质量验收评定标准》中的内容进行评定。下面以普通混凝土为例。普通混凝土单元工程质量等级评定标准如表 4-2 所示。

表 4-2　普通混凝土单元工程质量等级评定标准

项目	质量等级	
	合格	优良
所含工序质量	均合格	均合格（优良 50％以上）且模板安装、钢筋制安、混凝土浇筑工序优良
原材料、砂石骨料性能、硬化混凝土性能	均合格	均合格
混凝土拌和物性能、砂石骨料表面含水率合格率	70％以上	85％以上
检验记录	均合格	均合格

2.针对不划分工序的单元工程的施工质量评定。根据《单元工程评定标准》（SL 631 ~ SL 637—2012），不划分工序的单元工程质量检验分为主控项目与一般项目。其质量等级标准如表 4-3 所示。

表 4-3　不划分工序的单元工程质量等级评定标准

质量等级	工序检验项目		报验资料
	主控项目	一般项目	
合格	全部合格	逐项 70% 及以上的检验点合格，且不合格点应不集中分布	符合标准 SL 632—2012 的要求
优良	全部合格	逐项 90% 及以上的检验点合格	

②单元（工序）工程质量经评定没有达到合格标准时，应进行处理。处理后的质量等级依据规程中提供的办法确定，具体如表 4-4 所示。

表 4-4　不合格单元（工序）工程质量等级评定处理方式

未合格的单元工程处理方式	质量等级评定处理方式
全部返工重做	重新评定质量等级
加固补强，再次鉴定后能达到设计要求	合格
处理后仍达不到设计要求，但设计复核后确认能满足安全和使用功能要求	合格
加固补强后，改变了外形尺寸/造成永久性缺陷，但基本满足设计要求	合格

分析表 4-1、表 4-2、表 4-3 可知，对于划分工序的单元工程，影响其质量评定的指标主要为工序工程质量、工程实体质量、质量保证资料，质量影响指标包括其所有的检验项目；对于不划分工序的单元工程，影响其质量评定的指标为检验项目与质量保证资料。

（二）分部工程质量评定标准

单元工程质量评定合格后，就可以开始评定分部工程的施工质量。按照规程的相关规定，分部工程质量等级评定标准如表 4-5 所示。

表 4-5　分部工程质量等级评定标准

项目	质量等级	
	合格	优良
所含单元工程质量	均合格	均合格（优良 70%）
重要隐蔽单元工程和关键部位单元工程质量	均合格	均合格（优良 90%）
混凝土（砂浆）试件质量	合格	优良（$n>30$）/合格（$n<30$）
原材料、中间产品、金属结构及启闭机制造及机电产品质量	均合格	均合格
质量事故及质量缺陷	按要求处理，并经检验合格	未发生过

（三）单位工程质量评定标准

单位工程质量等级取决于其所含的分部工程的质量等级、外观质量评定、施工质量检验与评定资料检查情况等。按照规程规定，单位工程质量等级评定标准如表 4-6 所示。

表 4-6　单位工程质量等级评定标准

检查项目	质量等级	
	合格	优良
所含分部工程质量	均合格	均合格（优良 70%）
主要分部工程质量	均合格	均优良
外观质量得分率	70%	85%
工程施工期及试运行观测资料分析结果	符合要求	符合要求
施工质量检验与评定资料	基本齐全	齐全
质量事故	已按要求处理	未发生过较大质量事故

（四）工程项目质量评定标准

按照规程的相关规定，工程项目质量等级评定标准如表4-7所示。

表4-7　工程项目质量等级评定标准

检查项目	质量等级	
	合格	优良
所含单位工程质量	均合格	均合格（优良70%）
主要单位工程质量	均合格	均优良
工程施工期及试运行期观测资料分析成果	符合要求	符合要求

三、水利工程施工质量评定的原则

（一）独立性原则

独立性指评定由独立的第三方完成，评定过程和结论不受项目决策者、管理者、执行者和前评估人员的干扰，这是评定的公正性和客观性的重要保障。没有完全的独立性，评定工作就难以做到客观和公正。为保持评定的独立性，必须在评定机构的设置、人员组成、经费等方面综合考虑。

（二）客观性原则

客观性指评定人员在评定信息收集过程中，广泛听取各方的不同意见，认真查看现场或广泛收集被评定对象的相关数据和资料。在资料收集过程中客观分析，以真实有效的数据进行衡量；将事实依据作为评定结果的基础，将发现不足、提出改进意见作为出发点，保证结果真实有效且具有客观性。

（三）科学性原则

科学性指采用科学的评定方法和手段，选取合理的评定指标，采用的数据具有可比性，设置具有科学性的评定指标体系，坚持客观求实的评定态度，最终反馈可靠的评定成果、建议和经验。

（四）公正性原则

公正性指评定过程的最终结果要具有公正性，要求在总结被评定对象存在不足的同时，也要实事求是地总结成功经验，并且站在公正的角度，对最终的评定结果进行分析。

四、水利工程施工质量评定的方法

水利工程的施工质量影响因素具有多样性和层次性，加大了施工质量控制的难度。随着工程的进行，项目时刻都发生着不可预知的变化，整个项目施工质量的控制情况中可以确定的部分只有一部分。另外，不确定部分具有一定的关联性，关联性的建立尤为重要。为了更好地进行质量控制，特别是使理论基础更加科学，就需要研究各施工质量影响因素的内在联系，这具有重要意义。

水利工程施工质量评定是一个具有复杂性、模糊性、不确定性的多属性综合评定过程。在遵从水利工程施工质量评定原则的前提下，对水利工程施工质量的评定采取科学的评定方法，是提升水利工程施工质量管理水平的关键环节。根据国内外水利工程施工质量相关研究可知，水利工程施工质量评定的方法主要有专家调查法、层次分析法、模糊综合评价法、灰色综合评价法等。

（一）专家调查法

专家调查法又称"德尔菲法"，其大致流程是在所要预测的问题征得专家的意见之后，进行整理、归纳、统计，再匿名反馈给各专家，再次征求意见，再集中，再反馈，直至得到一致的意见。

该方法简便易行、直观性强、计算方法简单，且选择余地比较大，能够进行定量计算的评定指标和无法进行计算的评定指标都加以考虑。德尔菲法的主要缺点是专家之间缺少沟通交流，可能存在一定的主观片面性，容易忽视少数人的意见，有可能导致预测的结果偏离实际。

（二）层次分析法

层次分析法是在水利工程施工质量评定中最常使用的一种方法，对比传统评定方法具有系统性、简洁实用、所需定量指标少的优点。但是，它也有主观定性色彩重、指标权重确定困难和判断矩阵难以计算的缺点。层次分析法的概念和优缺点等具体内容如下。

1. 层次分析法的概念

层次分析法简称 AHP，具体来说，是将决策问题目标层、准则层直至具体的指标层的顺序分解为不同的层次结构，然后用求解判断矩阵特征向量的办法，求得每一层次的各元素对上一层次某元素的优先权重，最后再用加权和的

71

方法递阶归并各指标层具体指标对总目标的最终权重，此最终权重最大者即最优指标。

2. 层次分析法的优点

（1）系统性

层次分析法把研究对象看成一个整体系统，按照分解、比较判断、综合的思维方式进行决策。系统的思想在于不割断各个因素对结果的影响，而层次分析法中每一层的权重设置最后都会直接或间接影响到结果，而且在每个层次中每个因素对结果的影响程度都是量化的，非常清晰、明确。

（2）简洁实用

层次分析法是定性分析与定量分析的有机结合，把多目标、多准则又难以全部量化处理的决策问题化为多层次单目标问题，将人们的思维过程数学化、系统化，便于人们接受。

（3）所需定量指标较少

层次分析法主要从评定者对评定问题的本质、要素的理解出发，是模拟人们决策过程的思维方式的一种方法。它比一般的定量方法更讲求定性的分析和判断，把判断各要素的相对重要性的步骤留给了人脑，将人脑对要素的印象化为简单的权重进行计算。这种方法能处理许多用传统方法无法解决的实际问题。

3. 层次分析法的缺点

（1）定性成分多于定量数据

在如今对科学的方法的评定中，一般都认为一门科学需要比较严谨的数学论证和完善的定量方法。但人脑考虑问题的过程很多时候并不是简单地用数字来说明一切。层次分析法是一种模拟人脑的决策方式的方法，因此会带有较多的定性差异。

（2）指标过多时权重难以确定

当在解决部分较为普遍的问题时，随着所需要选取指标的数量的增加，构建的判断矩阵层次数量也更多、规模也更庞大。这种情况下，对每两个指标相对重要程度的判断将会出现困难，甚至会对层次单排序和总排序的一致性产生影响，使一致性检验不能通过。这种情况下就需要再次调整，但是在指标数量多的时候调整比较困难。

（3）判断矩阵精确计算比较复杂

在计算二阶、三阶判断矩阵的特征值和特征向量时，人工计算比较容易处理，但随着指标和矩阵阶数的增加，对矩阵的精确计算越来越困难。因此在精确度要求不高的计算中，常采用近似计算方法如"和法""幂法""根法"等进行计算，以得出近似结果。

4.层次分析法的评价

层次分析法化繁为简，分析通俗易懂，决策者容易理解，是一种常用的评定方法。该方法将主观的经验和客观的数学方法融为一体，适用于解决多方案多目标等具有一定难度的问题。

（三）模糊综合评价法

模糊综合评价法是一种科学的思维活动，是在通过感性认识获得大量感性知识基础上，把事物和现象的整体分割成若干部分进行研究和认识的一种思维方法。它运用各种统计指标来反映和研究评价对象总体的一般特征和数量关系，常使用的综合评价法有综合指标法、时间数列分析法、统计指数法、因素分析法、相关分析等。

该方法具有结果清晰、系统性强的特点，能较好地解决模糊的、难以量化的问题，适合各种非确定性问题的解决。

（四）灰色综合评价法

1.灰色系统理论的介绍

20世纪80年代，邓聚龙教授首先提出了灰色系统理论。研究对象不是信息充足的白色系统，也不是信息缺乏的系统，而是位于两者之间的灰色信息系统，这样的系统称为灰色系统。

追根溯源来看，关联的分析思想是灰色系统理论的起源，通过已知信息来关联分析未知的信息。

2.具体应用——灰色聚类法

灰色聚类法是在灰色理论不断完善的过程中诞生的一种方法。该评定方法将待评定的施工质量影响因素或工程项目放在一起，然后按照灰数的白化权函数或灰色关联矩阵对因素进行分类。

灰色关联聚类和灰色白化权函数聚类是其中的两种方法。其中灰色白化权函数聚类主要用于评价具有多种属性的待评价对象，观测待评价对象是否位于事先规划好的施工质量影响等级内，解决其施工质量无法定性的难题，主要是能够避免人为因素对施工质量评定的等级分类干扰。灰色关联聚类主要用于同属性因素的归并，能够检查出所有施工质量影响因素中具有紧密联系的因素，最终使复杂系统简便化。一般情况下，在对水利工程施工质量进行评定时，应用的是前一种方法。

3. 灰色综合评价法的评价

数学方法可以分为统计和非统计形式，灰色综合评价法属于后者。它把条件信息不多或没有具体系统数据的问题通过关联度分析和灰色聚类相结合，优势是即使缺少大量样本数据也可以完成评价。原始数据可以直接当成数据样本进行评价计算，实用性和可靠性强，在评价过程中计算也比较直观。

在综合评价法中，关联度法主要用于鉴别评价对象的优劣程度，而无法反映评价对象的绝对水平；关联度分析的权重确定具有一定的主观性，特别是对于"均一化"的加权灰色关联分析模型来说，更容易导致结果的最优性和公平性的缺失。最后，需要强调的是，若是不能全面掌握好信息而采用灰色关联聚类法和灰色白化权函数聚类法，那么很可能会使函数的计算结果不符合实际，从而得不到客观的评价。

第五章　水利工程施工成本管理

水利工程投资规模大、工期长，企业要在保证水利工程施工质量的前提下，统筹兼顾、科学调度，科学进行成本管理与成本控制计划，通过控制、监督、调整人力、物力和施工中的资金和资源，降低工程施工成本，达到成本控制的目的。本章分为水利工程施工成本管理的基本任务、水利工程施工成本管理的方法、水利工程施工成本控制的类型及措施三个部分。主要包括水利工程施工成本管理概述、水利工程施工成本管理的内容、基于经验的成本管理方法、基于历史数据的成本管理方法等内容。

第一节　水利工程施工成本管理的基本任务

一、水利工程施工成本管理概述

水利工程施工成本可以理解为水利工程在项目建设当中的施工成本，它包括人工成本、材料成本、机械设备成本、运行成本等各种类型的成本。它包含工程项目建设前、建设中、建设后全方位管理过程中所有的支出费用，简单来说，就是水利工程施工过程中，所有看得见的支出费用之和。

（一）成本管理基本理论

对于水利工程项目而言，其施工成本即施工期间形成的所有费用。通常而言，成本的产生伴随着劳动力、材料、机械设备等费用。在成本管理的过程中，应当结合不同费用的特点，对费用形成的各个环节采取不同的管理方法，确保实际费用符合成本目标的规定。成本管理的原则是成本最小化与收益最大化，需要注意的是，这里的最小化并非一味地压缩成本，而应该提高成本的回报率，即通过尽可能低的费用支出为公司创造出尽可能高的价值。譬如，某项目部引进某项新型施工技术，尽管引进费用高昂，造成了额外的成本支出。但采取该项技术后，施工效率和工程质量大幅度提高，人工成本和施工总成本不同程度地减少，不但压缩了总的项目成本，还收获了更多的经济利益。因此，该项费用支出符合成本管理的原则，应该予以批准。此外，成本控制并非短暂的、分裂的，应当落实在施工的各个环节，也就是我们常说的全过程管理。

1. 成本管理的概念

因为成本对企业发展的影响逐渐变大，企业对成本管理的重视度随之不断提升，学术界对成本管理的研究和探索亦不断深入，对成本的解释在不断地发展、演变。工程项目的成本管理作为成本管理中的一个分支，具体包括了人工费用、材料费用、机械费用、工程期间费用及其他一些项目进行期间发生的相关费用。因为工程项目收益的高低与工程成本的高低有着直接的关系，所以企业在制定目标时便注重对工程项目的成本管理，按照制定成本管理的目标、进行成本估算、开展成本预算和加强成本控制等四个步骤来逐步开展。换言之，对工程项目的成本管理实际上就是对整个项目的实施过程进行管理，是为保证工程项目能够控制在成本预算内而进行的管理。

2. 成本管理的特点

项目的最终收益与项目成本的高低有直接关系，影响项目成本的费用包括人工成本、材料费用、机械使用费以及其他项目实施期间发生的相关费用。核算工作通常从制定目标时便开始了，主要根据项目的进展围绕成本管理目标的制定、成本估算、成本预算和成本控制四大方面开展，具有涉及面广、时间跨度大等特点。通常一个有效的项目成本管理往往具备以下特性。

（1）效益性

企业生产经营的最终目标是效益最大化，效益是企业的中心点，任何行为都是围绕效益开展的。应当将不断提升效益原则贯穿水利工程施工的全过程，贯穿项目实施的每一个环节。在提高工程施工效益的同时，不以牺牲质量为前提的方式是水利工程施工实现长远发展的必需条件。

（2）全面性

一个良好有效的成本管理要做到全过程、全方位和全员控制。全过程控制包含了从研究设计到生产使用的各个环节，凡是与费用有关的活动都须进行严格的成本控制；全方位控制指对生产过程中所产生的全部费用进行控制；全员控制就是将成本管理工作渗透到全体人员的日常工作中，将人员和具体工作紧密结合起来。

（3）动态性

水利项目施工具有投资金额大、工期长等特点，对工程质量要求严格。针对这些特点，对项目的成本管理和控制要跟随项目的实施持续进行，对项目推进过程中的重要环节进行重点关注。企业应通过对数据的汇总和成本的计算分析，及时发现实际成本与目标成本之间的偏差，找出产生偏差的原因并针对项目中存在的问题采取必要的调控措施。为满足成本动态管理的需要，在施工准备阶段要对成本进行预测，提前制定好预期成本目标，为后续的成本管理提供参考依据。因成本管理伴随着项目全过程，具有动态性，企业可以通过构建成本信息反馈系统，为项目管理团队提供准确及时的数据，帮助其进行成本管理。

（4）协同性

成本和质量、进度这三个方面在成本管理中都非常重要，成本不能成为单独的个体。有效的成本管理是建立在达到项目实施进度和满足项目质量要求的基础上的。整个项目实施过程必须非常严格地执行成本控制计划，使实际产生的成本能够在预算范围内，实现项目的最终收益。

（5）权责利相结合

项目的成本管理中，成本责任网络中项目的参与人员都有一定的成本控制责任。同时，项目各部门、各成员在各自权限范围内也拥有一定的成本控制权，通过考核、与绩效挂钩等措施将权、责进行管理。这个模式决定了在进行成本管理时要采用权责利相结合的原则。

通过成本管理能够提高大家的成本管理意识，进而认识到成本管理对于水利工程施工的重要性，相应的考核机制能够充分调动员工对成本控制的重视度。

（二）成本管理的作用

水利工程施工成本管理以提高资源利用率、降低成本为目的，对成本组成因素进行管理，对人、材、机等各种资源合理分配，使其既不短缺又不冗余，达到最佳的使用效率。

水利工程施工成本管理为各种资源的使用量提供了一个标准。项目实施过程中，每个工序在使用资源时，都要依据目标成本，实际成本尽可能不要超过目标成本。如果遇到特殊情况，则要及时调整目标成本，这样才能使整个施工项目的成本管理更加科学。

水利工程施工成本管理不是一个静止的结果，而是一个动态的过程，公司管理者能够通过成本管理及时了解工程施工的进展情况和各项资源的使用情况。管理者通过实际成本和成本管理预算的对比，就可以知道工程的实际进度是否符合工期要求。

通过成本管理，能够减少资源浪费，减少施工过程中的各项支出，把成本控制在市场平均成本以下，这样便可以为企业创造更多收益，提高企业的社会竞争力和社会生存能力。

二、水利工程施工成本管理的内容

（一）施工成本预测

成本预测是基于当前的形势，通过一定的方法对于项目未来所产生的费用成本给出较为合理准确的预测。通过成本预测，企业可以更好地进行成本预算编制，方便企业进行科学的决策部署，增强企业竞争力。

成本预测方法通常有定性、定量两种。所谓定性预测法就是通过成本费用的相关调查研究，对工程项目成本进行趋势分析及判断。常用的调研方式有开展问卷调查、开展座谈、实地调研等。定量预测法是在收集企业项目历史成本的基础上，通过建立相关模型，运用数学计算方式对成本进行预测的方法。它通过已有的资料，对成本费用的发展趋势进行分析判断。这种方法较为简单，可以利用一期建设成本数据去推演二期工程的预计成本，还可以利用曾经发生的工程成本费用统计资料建立起一个数学分析模型，通过该模型推算出未来的预计成本。可以使用加权平均法以及回归分析法等方法进行分析。

成本预测分为三个步骤：一是跟踪项目，二是前期调查，三是编制成本预测说明。

（二）施工成本计划

在完成了工程施工成本预测之后，紧接着就要设定工程施工成本计划。我们通常将成本分成两类，一类是直接成本，另一类是间接成本。在设定项目成本计划时也要分别针对这两类成本设定相应的计划。

成本计划也叫成本预算编制，成本计划是为了后续更好地进行成本管理，降低成本费用。成本计划的主要编制部门为财务部门，工程项目参与部门与其共同设定。在具体编制时，财务部门依据各部门提供的不同的项目成本，参照定额标准，按照滚动预算、零基预算等方法进行成本计划的编制。成本计划的编制分为编制成本费用预算、设定成本费用预算、调整成本费用预算、形成新的成本费用预算、预算执行这五个过程。

（三）施工成本控制

施工成本控制是施工成本管理中最重要的一个环节。企业可以通过一定的控制手段将工程施工成本控制在工程施工成本预算内，尽可能降低施工成本。企业进行成本控制是为了保障成本预算的有效执行，当成本预算能够有效执行时，成本管理的意义才得以实现，企业才能降低其项目相关成本。

工程施工成本控制通常通过两个方法实现，一是过程控制，二是纠偏控制。过程控制指企业对于采购费用、人力成本及相关间接成本的控制。纠偏控制是指企业在对比项目实际成本及项目计划成本的时候，分析它们之间存在的差异并进行主动纠偏的控制方法。

（四）施工成本核算

成本核算是指企业依据现有的会计制度及相关的成本核算制度，对水利工程施工过程中实际产生的费用进行归集，并按照一定的方法进行成本核算，编制成本相关报表。企业进行成本核算是为了按照相关政策规定计算、汇总、整理企业成本数据，为企业决策者提供决策依据。

在进行成本核算时，企业应当明确相应的成本核算制度，对实际发生的成本费用进行汇总后，形成相关账簿，最后编制相关生产成本报表并对其进行归档。

（五）施工成本分析

成本分析意在找出项目的成本管理存在的问题并提出建议性措施，通常在项目实施之后进行。

昆明理工大学的古映方就曾从整个项目生命周期的角度，深度研究了项目成本的相关要素，通过对项目成本控制的目标进行分析，总结了实现目标应控制哪些因素，为项目管理者如何发现成本控制过程中存在的问题给出了明确的方法。

（六）施工成本考核

北方工业大学经管学院教授刘永祥以时间与成本为前提指出，通过对参与项目建设的分工不同的若干单位个体加强管理，让成本控制责任分担于项目全员的管理方法，对工程项目的成本控制有着重要作用。对在项目计划、决策、实施等阶段收集的一系列成本资料进行整理、归纳，最终编制成项目成本报告存档。资料可以包括工程立项批复文件、施工图纸、设计变更资料、材料的采购合同、材料领用单、设备使用记录、施工现场记录、工程结算报告等与工程项目成本控制相关的资料。通过对这些资料进行有序、完整的汇总、整理，形成项目成本报告，整体反映项目的成本构成和成本管理情况，为企业今后类似项目的成本控制提供重要参考。

在项目通过竣工验收之后，企业要对项目施工成本进行考核。考核指标由各单位依据实际情况制定，管理者依据考核方法对相关人员进行成本考核。企业进行成本考核是为了激发员工的积极性，同时也能对员工进行一定的约束。通过成本考核，企业可以降低成本费用，合理优化成本结构，有效控制成本费用的增长。

成本考核的方式有两种。第一种，指标法。即企业根据自身的实际情况，建立一套完整的指标考核体系。第二种，将实际成本与计划成本进行对比，由此评定工程施工的各个参与者对于成本管理所做出的贡献，据此对相关人员进行奖励或者处罚。通常来说，指标设置的合理性和科学性往往不易保证。因此，在实际中，企业往往会选择用第二种方式进行成本考核。

三、水利工程施工成本管理的工作及存在的问题

（一）水利工程施工成本管理的工作

水利工程施工成本管理的工作包含以下五个方面。

①建立好成本管理责任制。应当通过建章立制来规范项目成本的管理工作，将成本责任进行有效划分，将各项责任明确到企业的各项制度中。

②建立制式的内部工程造价计划。应当根据自身的实际情况和管理习惯，规范设计内部工程造价计划。

③推行施工成本定额标准的建立，保证定额成本的科学性、有效性、适应性，依据成本定额合理测算出成本计划。

④做好生产资料成本信息的收集及分析工作，尽可能利用信息技术搭建起生产物资价格信息采集平台。同时，要建立物资供应商信息登记平台，在进行物资采购时，及时与这些供应商联系。尽力保证企业在物资采购方面降低相关的成本费用。

⑤规范项目成本核算。按照相应的会计制度和准则对项目的成本进行归集与核算，如实反映企业的真实成本数据，最终得出成本报告。

（二）水利工程施工成本管理存在的问题

现阶段，水利工程成本管理上还有很多不足，例如管理责任不明确、部门协

作不利、协议的签订与资料的保管缺乏规范等。这些不足对施工单位的发展是极为不利的，既会造成成本浪费，又会影响工程项目的正常开展。

1. 成本管理缺乏全员观念

成本管理是全过程管理，也是全员管理。对施工成本进行管理，需要项目部所有部门通力协作、各司其职。成本管理不仅仅是财务部一个部门的事情，技术部、采购保管部等部门都有各自的施工管理任务。现在，有很多施工企业的现场管理人员对成本管理并不上心，认为自己只要管好技术工作就可以了，这种想法是十分不利于成本管理的。如果各部门人员认为成本管理工作与自己无关，那么技术部就只关注提高工程质量，采购保管部只保证能采购到合格材料……一般而言，工程质量与所花费用成正比，而材料市场价参差不齐。如果不注重节约费用，就会极大增加工程成本。以全局观念而言，单独某个部门的工作做到最好，对整个项目的管理而言并不是最佳状态。

所以，施工企业要定期举办成本管理培训班，请专业人士进行讲解，重点强调成本管理的重要性及全员参与的必要性。其实，项目的每一个参与者都可以为成本管理工作做出贡献，只有全员参与，才能真正做好成本管理工作。

2. 缺乏企业内部劳动定额

一个施工单位没有自己的企业内部定额，在投标报价时就只能依据行业定额，这对报价的准确性会有很大影响。如果中标，因为缺乏企业定额，在工程实施过程中无法进行准确的成本管理预测工作，进而影响成本管理目标的实现，会使施工单位的利润降低。因此，施工单位应该根据自身情况制定企业定额，企业定额应该根据技术的进步、工艺的提高、市场的变化等情况，定期进行调整，以更好地预测施工成本。

3. 项目成本管理措施跟不上水利工程的发展速度

目前的水利施工企业的成本管理办法是比较落后的，跟不上水利工程的发展速度，无法形成切实可行的项目成本管理体系，对实际施工起不到指导作用。有些施工单位在制定成本管理目标时，由于忽视了工程质量和进度的管理，遇到了返工，甚至被要求索赔的情况，这些都会导致施工成本增加。

项目部要采取有效措施，加强对成本的管理。例如，对人工成本的管理，要提前计算项目所需劳务人员的数量，避免出现窝工或劳务不足的情况，不然不仅会使成本增加，还会影响工程进度；对材料成本的管理，要编制详细的材料消耗量计划和制定材料询价体系，了解材料市场价格，制定材料领取办法，减少施工过程中不必要的浪费，以减少材料成本的支出，提高单位的经济效益。

4.成本管理队伍缺乏人才

现阶段，水利行业缺乏专业的成本管理人才。从事工程成本管理工作的职工专业素养不高、知识储备不足、缺乏现代成本管理观念，严重影响了项目成本管理作用的发挥。

因此，一方面，现场管理人员不仅要熟练掌握技术方案和施工方法，也要补充成本管理的知识，运用成本管理的专业知识降低成本；另一方面，技术人员与成本管理人员要及时交流，保持信息对等。成本管理人员要及时掌握工程进度及人、材、机各方面的消耗，及时进行成本控制，保证质量目标、进度目标、成本目标的实现。

5.没有建立奖惩制度

施工单位没有建立成本管理的奖惩制度，员工积极性不足、参与性不高。施工单位不仅仅要建立健全成本管理体系，明确项目各部门的成本管理责任，还要建立明确的奖惩制度。奖惩是激励员工重视成本管理的手段，以此提高员工的积极性，将成本管理变成每个人的任务。

第二节　水利工程施工成本管理的方法

一、基于经验的成本管理方法

基于经验的成本管理方法仅需管理者拥有一定的成本管理经验即可实行，因此，该方法的应用范围较为广泛，实施难度较低，应用起来简单易行。但是当内外部环境发生大变革时，以往的经验就失去了作用，管理者将无法应用以往的经验得正确的判断，往往会使企业面临巨大的风险。比如说水利工程建筑工地上钢筋用量的估算，施工单位在采购钢筋时，需要估算各类规格钢筋的使用量，只有具有丰富的施工经验才能较为准确地估算，形成采购计划。

二、基于历史数据的成本管理方法

基于历史数据的成本管理方法是指企业沿用历史成本数据，将历史成本的最低值或是平均值作为本次项目的预测成本。在应用该种方法时有一定的条件限制，即我们假定当前的项目成本不会有所上涨并在一段时间内保持稳定。当发生通货膨胀，以及原材料成本、人力成本上涨时，继续应用该方法将会导致企业无法完成最初设定的成本计划。

三、基于预算的目标成本管理方法

目标成本管理法，顾名思义就是设定一个目标成本，以这个目标为方向，控制整个施工成本。目标就像灯塔，成本控制就是一艘轮船。工程施工过程中，成本控制有可能会偏航，这时就要及时调整方向。

基于预算的目标成本管理方法指企业为了达到目标利润，在售价一定的条件之下依据所编制的项目预算计算出企业应达到的目标成本。该种方法是一种科学合理的成本控制方法，但是在实际应用中难度较大。

第一，企业管理者深知编制预算的好处，可他们始终认为编制预算是财务部门的事情，与项目工程的相关部门无关。由于每个人对如何编制预算知之甚少，企业通常不会积累编制预算所需的各种数据，也不会积累编制预算所需的相应组织环境。

第二，有些企业编制预算的时间较短，无法做到科学合理地编制预算。

四、基于标杆管理的目标成本管理方法

所谓标杆是一种模式，就是说别人在某些方面比自己强，所以我们应该把别人当作一种模式，我们要迎头赶上，跟他们一样出色或是超越他们。

首先，标杆的对象可以是企业。当企业在某个领域做得非常出色时，其就成为行业标杆，会引来一批追随者。标杆法是进行横向比较的方法，可以在更大范围内寻找差距，是企业常用的比较方法。

其次，将企业过去的业绩作为评判标准，以此来控制未来的目标、计划未来的目标。

最后，要以业绩优异的部门及个人为标杆，鼓励其他部门与员工向业绩优异的部门或个人看齐，并追赶超越。

五、基于市场需求的目标成本管理方法

基于市场需求的目标成本管理方法是指为了实现既定的成本目标，决策者依据市场需求对现有成本进行优化调整，目的就是在竞争激烈的市场中通过优化成本获取优势地位。采用该种方法的企业往往具有强势的领导者，能够激发出企业在成本管理中的潜力，在看似成本已经大幅压缩的情况下继续采用一定的手段将成本压缩到最小值。该方法现已被广大企业采用。

六、基于价值分析的成本降低方法

制造业的成本往往存在于料、工、费之中，相应的成本管理部门会逐一分析这些成本的实际价值，并在现有市场中寻找替代品。该方法在运用得当时会在成本管理中取得良好的效果。但在实际情况中，大部分企业在进行价值判断时往往带有浓厚的个人偏好，无法根据市场情况进行公正客观的判断。因此，该种方法的运用难度较高、运用范围较小，大部分企业在进行成本管理时未使用该种方法。

第三节　水利工程施工成本控制的类型及措施

一、水利工程施工成本控制的类型

（一）全过程成本控制

项目成本管理是全过程控制，贯穿工程施工的整个阶段，包括施工前准备阶段的成本控制、施工过程中的成本控制、竣工后的成本控制。成本管理工作对于水利工程来说，不是静态的，而是一个不断变化的动态管理工作。项目成本管理要立足于具体工程，不同工程、同一个工程的不同阶段都要进行符合实际状况的相对应的成本管理。企业应切实加强施工前准备阶段、施工过程中以及竣工后的成本控制工作，尽可能地减少目标成本出现偏差的可能性，如此，才能保证实际成本与目标成本达成一致。

1.施工前准备阶段的成本控制

当今社会，建筑行业的竞争非常激烈，投标报价不仅是决定承包商是否中标的重点所在，也是决定后续施工中利润大小的重要因素。鉴于这一个方面的原因，我们有必要对如何确定清单单价进行严格把控。第一步，按照图纸估算工程量大小及成本大小；第二步，开展现场勘察，按照勘察结果对估算给出合理的调整。在项目启动前，必须对项目的总支出以及每个细项的支出有个具体的预测。在施工前的准备阶段，通常会运用目标成本法对工程进行成本预算，根据招标文件、施工图纸、现场勘测数据等内容，计算工程目标成本，以目标成本为依据进行成本管理。

2.施工过程中的成本控制

在工程施工过程中，尽可能地运用各种成本管理措施，使实际成本不要超出预算成本目标。如果遇到不可避免出现偏差的情况，要及时采取相应措施进行补救，偏差较大时，要及时调整目标成本，这是项目成本管理的关键。工程施工过程中，可以采取的措施有很多，但每种措施都有其优点和不足，无论采取什么措施都要结合实际情况。只有采取与实际情况相对应的措施，才能达到项目成本管理的目的。施工过程中通常会使用成本因素分析法对构成工程成本的因素进行管理，重点管理对成本影响大的因素，以减小实际成本与目标成本的偏差。在使用成本因素分析法时，管理人员的主观性很重要，只有具备丰富的管理和施工经验，才能将容易出现问题、对成本管理影响大的因素都考虑进去，缩短发现问题的时间，保证项目的顺利推进。在施工过程中，要正确处理好成本和工期的关系。通常情况下，成本会随着工期的延长而增加，但当工期短到一个极限时，成本又会随着工期的缩短而增加。

3. 竣工后的成本控制

在工程项目竣工验收前，提前核查项目施工现场工程内容是否与签订的合同、技术文件等相符，工程质量是否满足既定目标，防止竣工验收时产生不必要的成本支出，如延误工期罚款、质量未达到要求罚款等。结算阶段所有涉及工程项目的变更文件，变更签证根据实际情况进行核实，做到不遗漏任何一项变更。在整个项目完成后，对项目进行事后分析，对相关资料进行科学、系统的整理，总结经验，对值得借鉴的方法，加以推广；对于不足之处，探寻改良的办法，加以补充完善。竣工后的成本控制既是对上一个项目成本管理的总结，也是为下一个项目积累经验的手段。

（二）全员成本控制

施工成本控制贯穿项目施工全过程，从项目施工前的准备到真正开始施工最后到项目竣工验收都离不开成本控制的身影。成本控制的影响因素有很多，但归根究底最基础的影响因素是人，也就是参与施工的所有工作人员。因此，可以采用全员参与的成本控制方法。在施工中如果想要取得良好的成本控制结果，除了制定必要的成本控制制度和标准以外，还需要项目所有参与人员的共同努力。

二、水利工程施工成本控制的措施

科学有效的成本控制措施是成本管理的关键，具体而言，控制措施可分为组织措施、技术措施、经济措施、合同措施、安全措施、工期措施。从上述措施入手控制成本支出，能够最大限度地实现既定的成本目标。

（一）技术措施

结合不同工程施工的具体情况，如施工地的自然条件、施工工艺标准等，落实技术经济分析工作，确定合理的施工方案。尽可能地引进新技术、新机械，从而有效控制成本支出。按照合同以及甲方规定对施工组织设计进行再优化。确定特殊时期施工的技术措施，如雨季施工、夜间施工等，并加强监督管理，确保措施能够有效执行。

第一，要确定技术先进、经济合理的施工方案，以达到缩短工期、提高质量、保证安全、降低成本的目的。施工方案的主要内容是施工方法的确定、施工机具的选择、施工顺序的安排和流水施工作业的组织。科学合理的施工方案是项目成功的根本保证，更是降低成本的关键所在。

第二，在施工组织中努力寻求各种降低消耗、提高工效的新工艺、新技术、新设备和新材料，并在工程项目的施工过程中加以应用；也可以由技术人员与操作员工一起对一些传统的工艺流程和施工方法进行改革与创新，这将对降耗增效起到十分有效的作用。

（二）经济措施

1. 人工费用成本控制

人工成本控制即通过对人员进行科学管理，组建专业化程度较高的团队，科学确定定额用工，将定额维持在造价范围内。此外，还应当优化施工组织设计与方案，尽可能地提高施工效率。

人工成本约占项目总成本的1/10。人工单价主要由市场条件决定，无法使用固定价格来管理这些成本。在项目的建设过程中，我们应做到以下三点：第一，精选综合素质高的管理人员，合理筛选施工队，做好人员分配，不要出现窝工等现象；第二，适当使用一些市场上的临时工人；第三，可以按照"按劳分配、多劳多得"原则采取计件结算方式。

2. 材料费用成本控制

材料成本控制即针对物资成本的控制，由专业人员负责询价工作，确定价格最优、质量最好的供货渠道；同时，应当合理把控物资消耗，保证消耗量低于需求量。工程项目实施前，对于整个项目所用到的材料进行完善，形成材料采购计划表，有计划地进行集中采购，避免零星采购。工程项目施工期间，做好材料的入库、保管、核查等工作，建立完善的台账，避免乱领料或超额领料，对于乱领料或超额领料的要进行处罚。

材料费通常占整个水利工程施工成本的 60% ~ 70%，比重相当之大，因此在水利工程建设施工环节多次强调控制材料费成本。在施工准备阶段，在采购前先充分了解市场物料报价，再对比材料的规格、质量，选择性价比最高的进行采购。另外，要挑选可靠且有经验的专业技术人员来检查和接收材料，并根据项目预算，确定材料使用计划，从而降低原材料消耗率，达到成本控制的目标。在实际操作时要强调工作人员要严格检查材料质量和数量。

3. 机械设备费用成本控制

机械成本控制，即结合工程实际特点与行业背景选择机械设备，同时按时对设备进行维修与保养，确保机械设备良性运转。

从长期的成本核算来看，机械设备成本占水利工程建设成本的 5% 左右。但是，实际上超支非常严重。因为机械设备的实际购买或租用费用往往高于预算价格，机械设备费的实际成本超过预算成本是很普遍的情况。

在施工期间，企业应提前对机械设备的进场和使用情况进行规划，降低机械设备的空置率，使用的时候要准时准点。机械设备使用完以后，要及时撤出，定期对机械设备进行检查，做好检查登记工作，避免机械设备运转事故的发生。控制机械设备成本的方法有如下四种。

①根据施工进度计划，提前 3 天组织需要使用的机械设备逐步进场，合理有效地使用施工机械设备。这样可以提高机械设备的运转效率、使用率，降低机械搬迁成本。

②加强机械操作培训。针对机械设备的操作员，要根据国家相关政策选择具有上岗证书的操作人员，并根据机械设备使用规定，规范机械设备操作员的操作行为，避免在使用工程机械时出现错误操作。同时，还应将机械设备操作员纳入薪酬考核评价体系。

③定期对设备进行维护并做好修护保养记录。有时施工现场有连续作业的情况，要根据机械设备的使用强度、运行磨损情况，适时增加或调整运行维护工作，这样可以延长机械设备的使用寿命。另外，对于易损的零部件在采购时可以多购置一些，损坏时可及时更换，保障施工正常推进。

④水利项目因为选址偏离城区常常需要自建电网，使得成本较高。现在，各地基础设施建设相对完善，可根据实际情况进行对比，酌情使用当地电网。

4.其他费用成本控制

除以上列举的费用以外，还有一些其他的费用成本，这类成本项目繁杂，具体操作时要具体情况具体分析。针对其他费用，我们认为需要注意以下五点。

①合理安排每个细项的建设资金调度。严格遵守既定的水利工程施工进度，根据进度情况合理使用资金，优化资金安排比例，从而降低水利工程施工成本。

②近年来，"矽肺病"等职业病逐渐引起人们的重视。特别是水利工程建设工地，要严格按照国家施工作业标准，配齐各种防护用具，并组织员工学习操作技术。施工企业应进一步加强对职业病的预防，必要时给员工购买保险。

③在单元工程完工后，要快速安排施工队伍退场，并在退场之前清理施工场地，退回剩余的机械设备，收回多余的施工材料并做好登记管理。同时检查后续的施工计划，对不需要的施工人员进行合理裁减。

④针对二线部门，应该进行绩效评估，以便控制成本。

⑤加强审批和报销制度，核算审批好每一笔报销和支出。

（三）工期措施

每一个项目部都希望在最短的时间内完成工程项目建设，但是，任何项目又必须按程序逐项施工，这就要求项目部在按程序办事的前提下，根据实际情况采用更有效的施工方法和组织措施，以缩短施工工期从而降低施工成本，提高项目效益。工期措施主要有缩短准备时间、尽量交叉作业、提高劳动效率、延长劳动时间、采用新材料和新工艺、加强组织管理、选用高效设备、使用熟练工人、推行阶段承包、使用奖励机制和优化施工方案等。

以上是工程施工项目成本控制的主要措施，为了达到更准确地预测、控制和分析成本的目的，根据具体情况，还可以将其他措施如现场管理措施、文明施工和环境保护措施、抗洪防灾措施等均制定出来，以获得更好的效果。

第六章　水利工程施工进度管理

水利工程施工进度管理强调按照最正确的路径，将时间进行最优分配，在整个施工过程中有序推进项目的进程，确保工程按期或提前交付。本章分为施工进度计划概述、施工总进度计划的编制、水利工程施工进度拖延的原因及解决措施三个部分。主要包括施工进度计划的内容与表达方式，施工进度计划的作用、类型，施工总进度计划的编制原则、编制步骤，水利工程施工进度拖延的原因等内容。

第一节　施工进度计划概述

一、施工进度计划的内容与表达方式

施工进度计划指在保证主要里程碑事件完成的基础上，对施工项目的采购、设计和施工等一系列作业给出详细的时间和逻辑安排，以保证在项目实施过程中减少干扰因素的发生，达到资源合理配置和降低项目成本的目的。施工进度计划需要对各项作业列出详细的开始时间和结束时间，在执行该进度计划的过程中，要时刻监控进度数据，检查实际进度与预先的进度计划是否相符；若不符，需要及时分析对比，找出偏差原因，采取必要的补救措施或者根据实际情况调整原施工进度计划。

（一）施工进度计划的内容

建筑工程项目通常所采用的是三级进度计划，下一级别的进度计划是对上一级别的分解和细化，并且进度计划的实现与否直接关系到上一级别进度计划的目标完成情况。一级进度计划又称为总进度计划，由业主单位牵头，各专业负责人和施工方领导人共同参与设定，一般情况下不得更改。二级进度计划是由业主和监理负责人设定的总控制计划，明确指出项目施工中的主要控制点等，是对一级

进度计划的细化，同时为三级进度计划给出了指导。施工单位的项目部主要负责三级进度计划的编制，是施工方组织施工和提供资源等的依据。在设定施工计划时，施工管理人员会根据进度阶段的不同将项目进度目标细分为阶段性进度目标，当一个阶段目标完成时，才能继续下一个进度目标。因此，在编制进度计划时要安排好各方面，确定项目各阶段进度目标，进行合理分解，安排各项工作对应的负责人、工作人员、材料和机械的数量和进出场时间，做好进度计划管理，在完成进度目标的前提下降低成本。

工程项目施工进度计划主要包括以下六个重点。

①收集、分析资料。编制施工进度计划前需要收集有关建设项目的各种资料，以此为依据具体分析可能会影响进度的各种因素，为编制进度计划提供合理依据。

②建立 WBS 结构。WBS 结构是编制进度计划的思路所在，它以项目目标为基础，以项目的相关技术手段和项目总任务为依据，将工程项目目标分解为子项目，再将子项目结果进一步分解直到最低层，按照相关规则将各项工作分组，组成系统结构图。

③确定施工技术方案和各项工作之间的逻辑关系。不同的项目因为其技术方案和组织关系等，各项工作之间的逻辑关系也各不相同。因此，在确定施工技术方案的前提下，罗列工作时间的逻辑关系。

④明确各项工作的相关负责人。在实际施工中当发现进度计划有偏差时，应快速找到相关矩阵的责任人，由其批准相关纠偏措施等。

⑤估算工期时间。各项工作的持续时间是编制进度计划的基础，同时还与进度计划的准确性有着直接的关联。

⑥进度计划的表达方式。可以通过多种形式展现进度计划，例如横道图、网络图等。

（二）施工进度计划的表达方式

1. 横道图

横道图又名甘特图、条状图，通过横线的方式将施工进度计划表达出来。横轴代表时间刻度表，纵轴代表活动列表，中部是横线，横线的开头对应项目开始时间，结尾对应项目结束时间，横线的长度代表项目持续时间。

横道图的优点是能直接表达出工作起止时间和结束时间，简洁明了、方便，多应用于中小型项目。它也存在一些缺点，如不能直接找出关键线路和关键工序，工作之间无主次关系，也表达不出逻辑关系；手动编制工作量大，在后期优化过程中，若关键线路发生变化，需要多次修改甚至重新绘制。若项目过多时，横道图中的线条增多、纷繁复杂，增加了理解难度，需要管理人员具有更高的水平。

横道图比较法指将通过项目部报表及工地巡查等途径收集到的实际进度数据进行处理，在事先编制好的工程项目进度计划横道图下方绘制出实际进度横道线，直接进行比较的方法。通过对图表中计划进度和实际进度的比较，找出存在较大偏差的阶段，分析偏差出现的原因，并采取相应的措施，这是最简单、直观的方法。

2. 进度曲线

进度曲线指在进度计划曲线坐标内，根据收集到的实际进度信息绘制实际完成的工作量曲线，将实际完成的累计进度曲线与计划完成的累计进度曲线进行对比。这种方法也可直观地进行比较，与横道图比较法相比，进度曲线法能够准确地反映出工期进度及进度超前或滞后的程度，能有效弥补横道图法的缺陷，是更为科学有效的方法。该方法中最常见的有"S"曲线比较法和"香蕉"曲线比较法。

3. 网络图

网络计划技术分为确定性网络计划技术和非确定性网络计划技术，各项工作之间的逻辑关系以及持续时间皆是明确的则为确定性网络计划技术。

网络图计划是一种先进的、运用数学分析原理寻找关键路径的图解模型，它能直观地展现各工作之间的逻辑关系。在项目实际施工过程中进度计划会发生改变，通过网络图能进行某些工作的优化，找到最符合实际的优化方案。网络图分为单代号网络图和双代号网络图。

单代号网络图包括节点、编号和箭线，节点和编号用圆圈或矩形表示，代表工作，根据工作之间的相互关系，可分为紧前工作、紧后工作、平行工作、交叉工作。节点内容有工作名称、持续时间和工作代号。箭线表逻辑关系，水平直线、斜线、折线均可绘制，但应注意箭线水平投影为从左至右方向，线路编号按从小到大依次标注。

双代号网络图包含的内容与单代号网络图相同，不同的是工作持续时间和名称标注在箭线上，每一条实箭线表示一道工序、一个分部工程或者一个单位工程，占用时间但不一定占用资源。例如，抹灰干燥不需要资源。有需要时加入虚箭线，可使逻辑关系表述清楚。虚箭线不占用资源和时间，仅表示虚工作。双代号网络图线路从起点按顺序沿箭头依次到达终点节点，其中工作持续时间最长的为关键工作。

网络计划图作为工程项目进度管理中较为先进的进度计划编制方法现已广泛运用于实际工程中。这种方法将整个工程看成一个系统来考虑，准确反映出系统内部各个工序之间既相互依赖又互相制约的矛盾关系。利用网络计划图进行施工进度管理在许多工程项目中得到了成功的运用，但这种方法也存在局限性。第一，网络计划图涉及要素繁多，表达抽象，不能直观展示进度计划，不利于各方人员理解和执行，不利于对进度计划的检查。第二，网络计划图的编制依赖于相关编制人员的经验和个人能力，面对复杂工程很难做到滴水不漏。因此，传统进度计划编制仍然容易出现问题以致影响施工进度管理效率。

二、施工进度计划的作用

施工进度计划具有以下作用。

①控制工程的施工进度，使之按期或提前竣工，并交付使用或投入运转。

②通过施工进度计划的安排，增强工程施工的计划性，使施工能均衡、连续、有节奏地进行。

③从施工顺序和施工进度等组织措施上保证工程质量和施工安全。

④合理使用建设资金、劳动力、材料和机械设备，达到多、快、好、省地进行工程建设的目的。

⑤确定各施工时段所需的各类资源的数量，为施工准备提供依据。

⑥施工进度计划是编制更细一层进度计划（如月、旬作业计划）的基础。

三、施工进度计划的类型

施工进度计划按编制对象的大小和范围不同可分为施工总进度计划、单项工程施工进度计划、单位工程施工进度计划和施工作业计划等。

（一）施工总进度计划

施工总进度计划是以整个水利工程为编制对象，拟定出其中各个单项工程和单位工程的施工顺序及建设进度，以及整个工程施工前的准备工作和完工后的结尾工作的项目与施工期限。因此，施工总进度计划属于轮廓性或控制性的进度计划，在施工过程中主要控制和协调各单项工程或单位工程的施工进度。

施工总进度计划是建设企业在时间及空间上进行的全局安排，是进行项目筹资、征地拆迁与移民安置、项目招标、项目建设施工总体安排、生产准备、验收投产等工作的重要依据。对于项目的实施性施工进度计划，承包人依据招标文件约定的合同工期、进度里程碑目标等要求以及自身的技术条件与管理水平等编制。

施工总进度计划的内容：分析工程所在地区的自然条件、影响施工质量与进度的关键因素，确定关键性工程的施工分期和施工程序，协调安排其他工程的施工进度，使整个工程施工前后兼顾、互相衔接，从而最大限度地合理使用资金、劳动力、设备、材料，在保证工程质量和施工安全的前提下，按时或提前建成投产。

（二）单项工程施工进度计划

单项工程施工进度计划是指以枢纽工程中的主要工程项目（如大坝、水电站等单项工程）为编制对象，并将单项工程划分成单位工程或分部、分项工程，拟定出其中各项目的施工顺序和建设进度以及相应的施工准备工作内容与施工期限。它以施工总进度计划为基础，要求进一步从施工程序、施工方法和技术供应等条件上，论证施工进度的合理性和可靠性，尽可能组织流水作业，并研究加快施工进度和降低工程成本的具体措施。反过来，又可根据单项工程施工进度计划对施工总进度计划进行局部微调或修正，并编制劳动力和各种物资的供应计划。

（三）单位工程施工进度计划

单位工程施工进度计划是指以单位工程（如土坝的基础工程、防渗体工程、坝体填筑工程等）为编制对象，拟定出其中各分部、分项工程的施工顺序、建设进度以及相应的施工准备工作内容和施工期限。它以单项工程施工进度计划为基础进行编制，属于实施性进度计划。

（四）施工作业计划

施工作业计划是指以某一施工作业过程（即分项工程）为编制对象，设定出该作业过程的施工起止日期以及相应的施工准备工作内容和施工期限。它是最具体的实施性进度计划。在施工过程中，为了加强计划管理工作，各施工作业班组都应在单位（单项）工程施工进度计划的要求下，编制出年度、季度或逐月（旬）的作业计划。

第二节　施工总进度计划的编制

一、编制原则

施工单位在编制施工总进度计划时，首先应当满足合同工期、进度里程碑目标的要求。对施工总进度计划中涉及的有关设备装备的水平和数量，人员数量、水平和专业结构及其他资源的投入，以及采用的施工方案，原则上应实质性满足投标书中的承诺，需要实质性调整时，应有充分理由并得到发包人的认可。对投标方案中存在的不足，若导致不能满足合同工期、进度里程碑目标的要求时，应予以改进。对于由发包人造成的施工条件改变、工程量增加、技术标准改变或工期调整等，应按照变更处理。施工单位应该优化施工组织设计，按时提交施工技术方案报告书，给现场施工人员提供有力的技术保障。编制施工总进度计划应遵循以下原则。

①认真贯彻执行党的方针政策。

②加强与其他各专业的联系，统筹考虑，以关键性工程的施工分期和施工程序为主导，协调安排其他各单项工程的施工进度。同时，进行必要的多方案比较，从中选择最优方案。

③在充分掌握及认真分析基本资料的基础上，尽可能采用先进的施工技术和设备，最大限度地组织均衡施工，力争全年施工，加快施工进度。同时，应做到实事求是，并留有余地，保证工程质量和施工安全。当施工情况发生变化时，要及时调整施工总进度。

④充分重视和合理安排准备工程的施工进度。在主体工程开工前，相应各项准备工作应基本完成，为主体工程的开工和顺利进行创造条件。

⑤对高坝、大库容的工程，应研究分期建设或分期蓄水的可能性，尽可能减少第一批机组投产前的工程投资。

二、编制步骤

项目进度计划编制是根据项目工期要求，基于环境、资源等约束条件对工程项目工作进行分解的过程。施工总进度计划可以运用甘特图或者网络图进行表达。

（一）项目划分

总进度计划的项目划分不宜过细。列项时，应根据施工部署中分期、分批开工的顺序和相互关联的密切程度依次进行，防止漏项。突出每一个系统的主要工程项目，分别列入工程名称栏内。对于一些次要的零星项目，则可合并到其他项目中去。

（二）计算工程量

工程量的计算一般应根据设计图纸、工程量计算规则及有关定额手册或资料进行。其数值的准确性直接关系到项目持续时间的误差，进而影响进度计划的准确性。当然，设计深度不同，工程量的计算（估算）精度也不同。在有设计图的情况下，还要考虑工程性质、工程分期、施工顺序等因素，按土方、石方、混凝土、水上、水下、开挖、回填等不同情况，分别计算工程量。某些情况下，为了分期、分层或分段组织施工的需要，还应分别计算不同高程（如对大坝）、不同桩号（如对渠道）的工程量，绘出累计曲线，以便分期、分段组织施工。计算工程量常采用列表的方式进行。工程量的计量单位要与使用的定额单位相吻合。在没有设计图或设计图不全、不详的情况下，可参照类似工程或通过概算指标估算工程量。

（三）计算各项目的施工持续时间

项目时间估算是在项目资源估算的基础上估算完成各项工作目标所需要的具体时间的过程。工作时间的估算需要结合工程范围、资源类型、资源数量、技能水平和影响项目时间估算的其他约束条件等。输入的数据越详细越准确，工作时间估算的准确性越高。确定进度计划中各项目的工作时间是计算各项目计划工期的基础。当工程量为定值的情况下，影响工作持续时间的因素分别为人员技术水平、人员数量、设备水平、设备数量以及人员与设备的效率。根据现在的技术水平，工作项目的持续时间的确定主要有以下几种方式。

1.专家法

专家法是项目时间管理等方面的专家，运用他们的经验和专业技能对项目活动工期进行估算的方法。由于项目活动工期受许多因素的影响，所以人们需要依赖专家们多年的工作经验，因此专家法在很多情况下是项目工期估算的主要方法。

2.类比估算法

类比估算法是基于相似原理，找到一个与拟建项目建设性质或建设规模相类似的项目，根据其历史数据和可供参考资料，估算拟建项目的持续时间、工程投资、生产能力等参数的一种估算方法。例如，估算新建项目的持续时间，采用类比估算法需要根据参考项目的施工工期并结合新建项目的工程特点，粗略估算出新建项目的持续时间。这种方法操作方便，通常用于在已知信息资料不足的情况下估算项目持续时间、建设规模等参数。与其他估算方法相比，类比估算法具有成本低、耗时短、易理解的优势，但由于其仅是根据其他项目进行类比计算，并无本项目的充分资料，因此准确性不足是其最大的劣势。在实际项目管理过程中，可以采用类比估算法对工程项目的某一部分进行估算，或结合其他估算方法共同使用。同时类比估算法需要从事工程估算的专业人员具有较强的业务能力，可以抓住本项目与参考项目的共同特征，提高项目估算的准确度。

3. 三点估算法

三点估算法适用于不确定性项目的活动工期估算，其中的"三点"指工程活动时间估算的三种情况：最乐观时间，指项目在非常顺利的情况下完成目标所需要的时间；最可能时间，指项目在正常情况下完成任务所需要的时间；最悲观时间，指在最不利状态下完成工作所需要的时间。

（四）分析确定项目之间的逻辑关系

项目之间的逻辑关系取决于工程项目的性质和轻重缓急、施工组织、施工技术等许多因素，概括说来分为以下两大类。

1. 工艺关系

工艺关系，即由施工工艺决定的施工顺序关系。在作业内容、施工技术方案确定的情况下，这种工作逻辑关系是确定的，不得随意更改。

2. 组织关系

组织关系，即由施工组织安排决定的施工顺序关系。如工艺上没有明确规定先后顺序关系的工作，由于考虑到其他因素（如工期、质量、安全、资源限制、场地限制等）的影响而人为安排的施工顺序关系，均属此类。

项目之间的逻辑关系，是科学地安排施工进度的基础，应逐项研究，认真确定。由于劳动力的调配、施工机械的转移、建筑材料的供应和分配、机电设备进场等原因，安排一些项目在前、另一些项目滞后，也属组织关系所决定的顺序关系。由组织关系所决定的衔接顺序是可以改变的，可以对组织安排进行修改，对应的衔接顺序就会相应地发生变化。

（五）初拟施工总进度计划

通过对项目之间的逻辑关系进行分析，掌握工程进度的特点，厘清工程进度的脉络，进而初步拟订出一个施工总进度方案。在初拟进度时，一定要抓住关键，分清主次，厘清关系，互相配合，合理安排。要特别注意把与洪水有关、施工技术比较复杂的控制性工程的施工进度安排好。

对于堤坝式水利水电枢纽工程，其关键项目一般位于河床，施工总进度的安排应以导流程序为主要线索。先将施工导流、围堰截流、基坑排水、坝基开挖、基础处理、施工度汛、坝体拦洪、下闸蓄水、机组安装和引水发电等关键性工程的进度安排好。其中应包括相应的准备工作和配套辅助工程的进度。这样构成的总的轮廓进度即总进度计划的骨架。然后再配合安排不受水文条件限制的其他工程项目，以形成整个枢纽工程的施工总进度计划草案。

需要注意的是，在初拟控制性进度计划时，对于围堰截流、拦洪度汛、蓄水发电等关键项目，一定要进行充分论证，并落实相关措施。否则，如果延误了截流时机，影响了发电计划，造成的国民经济损失往往是非常巨大的。

对于引水式水利水电工程，有时引水建筑物的施工期限成为控制总进度的关键，此时总进度计划应以引水建筑物为主来进行安排，其他项目的施工进度要与之相适应。

（六）调整和优化

调整是指在工程项目组织实施的过程中，根据工程项目进度计划对其执行情况进行动态管理，通过跟踪比较实际进度与计划进度，在出现进度偏差时，及时分析进度偏差产生的原因并制定相应的纠偏措施予以纠正，最终实现对工程项目进度的有效调整。为得到更好的管理效益，需要对编制的计划进行优化，优化包括工期、资源、费用等的单项优化以及同时考虑多个目标要素的多目标优化。

（七）编制正式施工总进度计划

经过调整优化后的施工总进度计划，可以作为设计成果在整理以后提交审核。施工总进度计划的成果可以用横道进度表（又称横道图或甘特图）的形式表示，也可以用网络图（包括时标网络图）的形式表示。

在草拟完工程进度后，要对各项进度安排逐项落实。根据施工条件、施工方法、机具设备、劳动力、材料供应以及技术质量要求等有关因素，分析论证所拟进度是否切合实际，各项进度之间是否协调。研究主体工程的工程量是否大体均衡，进行综合平衡工作，并对原进度草案进行调整、修正。

第三节　水利工程施工进度拖延的原因及解决措施

一、水利工程施工进度拖延的原因

（一）工期及计划的失误

计划失误是常见的现象。人们在计划期往往将持续时间安排得过于乐观。计划失误主要包括如下五点。

①计划时忘记（遗漏）部分必需的功能或工作。

②计划值（如计划工作量、持续时间）不足，相关的实际工作量增加。

③资源或能力不足，例如，计划时没考虑到资源的限制或缺陷，没有考虑如何完成工作。

④出现了计划中未能考虑到的风险或状况，未能使工程实施达到预定的效率。

⑤在现代工程中，上级（业主、投资者、企业主管）常常在一开始就提出很紧迫的工期要求，而且许多业主为了缩短工期，常常压缩承包商前期准备的时间。

（二）边界条件变化

①工作量的变化可能是由设计的修改、设计的错误、业主新的要求造成的。

②外界（如政府、上层系统）对项目新的要求或限制、设计标准的提高可能造成项目资源缺乏，使得工程无法及时完成。

③环境条件的变化，如不利的施工条件不仅会对工程实施过程造成干扰，有时直接要求调整原来已确定的计划。

④发生不可抗力事件，如地震、台风、动乱、战争等。

（三）管理过程中的失误

①计划部门与实施者之间，业主与承包商之间缺少沟通。

②工程实施者缺乏工期意识，例如，管理者拖延了图纸的供应和批准，任务下达时缺少必要的工期说明，拖延了工程活动。

③项目参加单位对各个活动（各专业工程）之间的逻辑关系（活动链）没有清楚地了解，下达任务时也没有详细解释，许多工作脱节，资源供应出现问题。

④承包商没有集中力量施工、材料供应拖延、资金缺乏，这可能是承包商同期工程太多，力量不足造成的。

⑤业主拖欠工程款，或业主的材料、设备供应不及时。

（四）其他原因

采取其他调整措施造成工期拖延，如设计的变更、实施方案的修改等。

二、水利工程施工进度拖延的解决措施

水利工程建设项目的建设进度不仅直接关系到项目的总体建设周期和总体布局，而且还影响着导流、度汛及蓄水发电等工序的开展。施工进度控制是工程建设管理的核心任务之一。在执行进度计划期间进行监视可以确定是否存在进度偏差，如果存在进度偏差，则有必要通过分析偏差对后续工作和整个施工周期的影响来确定是否以及如何调整进度计划。

与在计划阶段压缩工期一样，解决进度拖延问题有许多方法，但每种方法都有它的适用条件。以下是水利工程进度拖延的解决措施。

①增加资源投入。例如，增加材料、设备的投入量。这是最常用的办法。

②重新分配资源。

③缩小工作范围。包括减少工作量或删去一些工作包（或分项工程），但这可能产生如下影响：损害工程的完整性、经济性、安全性，或提高项目运行费用；必须经过上层管理者，如投资者、业主的批准。

④改善工具、器具以提高劳动效率。

⑤将部分任务转移，如分包、委托给另外的单位，将原计划由自己生产的结构构件改为外购等。当然，这不仅有风险，会产生新的费用，而且需要增加控制和协调工作。

第七章 水利工程施工合同管理

合同管理是水利工程施工管理的重要内容之一，对水利工程施工的整体管理水平以及工程质量都有着重要的影响。本章分为水利工程施工合同管理的类型、水利工程施工合同的实施与管理、水利工程施工合同索赔管理三部分，主要包括合同管理概述、合同管理与水利工程各环节的关系、水利工程合同管理类型分析、水利工程合同管理的重要性、水利工程施工合同的控制、水利工程施工合同管理的现状、水利工程施工合同全过程管理的措施等内容。

第一节 水利工程施工合同管理的类型

一、合同管理概述

（一）合同及合同管理

合同是使市场交易得到保障的法律形式，它作为民事主体之间设立后可变更乃至终止法律关系的协议，具有平等性、广泛性、自愿性、一致性以及法律约束性。

建设工程合同指的是发包人与承包人之间按照法律规定所签署的协议，也就是说承包人进行工程建设而发包人进行价款支付的合同，具有规范性和有效性。当前，合同的种类纷繁复杂，划分类别的依据也存在较多不同，下面根据工程合同的不同属性对其进行了划分。

1. 根据工程承包属性划分

根据工程项目的承包属性，可以将工程合同划分为施工合同、设计合同、采购合同等。通过这样的划分渠道，将工程施工过程的各个阶段加以拆分，将建设工程各个相关参与方所承担的责任与义务加以明确。

2. 根据工程承包范围划分

工程承包的过程中，由于承包方的承包范围不一，所以可以将合同划分为总承包合同与单位工程施工承包合同。

3. 根据工程计价方式划分

工程项目的建设过程中，由于各个项目所采用的计价方式不同，可以将合同划分为固定总价合同、固定单价合同、可调价格合同以及成本加酬金合同。固定总价合同是指按照合同约定的工程施工内容，发包人将固定金额支付给承包人的协议。固定单价合同需要在规定、规范的基础上，确定工程结算的单价，最终支付时按照工程量进行计算确定最终的支付款。对于规模大、技术复杂的项目在合同应用当中可以采用可调价格合同，而成本加酬金合同则需要将合同价格与成本、质量、进度以及其他考核指标相关联。

合同管理主要是指按照国家现行法律法规来执行的各类合同相关管理事务，可以划分为广义与狭义两个层面进行理解。广义方面，指的是以合同为圆心所展开的工程项目管理具体进程；而狭义方面，则只是着眼于合同在执行过程当中的具体事务性工作，如从合同的制定、签约、履行、变更、终止乃至违约、解除、索赔等。

建设工程的合同管理，需要在项目的实际要求大前提之下，确定适合项目发展运行的管理标准，从而保证项目能按时完成建设目标。对于建设项目来说，它涉及的分项管理较多，合同管理作为其中的一个分支，精力着眼于项目的人员配备、成本控制及所涉及的相关权利与义务，通过管理区分达到调控工程建设成本、保障工程质量、缩短项目进程的目的，以此来实现合同管理的激励作用。当然，通过这种有效的协作手段，也可以增强合同双方的主动性，不断扩大收益。如果项目的安全、成本、进度、质量、建筑功能及环境管理方面能达到更高要求，就将更好地实现社会整体效益的最大化。合同实施阶段涉及了方方面面，从项目的招投标开始到交底验收，各阶段的合同管理内容不一，这也决定了它在项目管理的合作运行当中具有控制风险大、实现难度高、完成体量大的特点。

有效的合同管理在运行当中，可以将建设工程完成目标与时间、成本及质量三个因素进行合理归集划分，实现资源的合理分配。而建设工程合同管理的过程中，各个阶段也具有不同的工作任务。

①订立阶段的合同管理。此部分的合同管理主要集中在合同的招标与投标信息管理、前期合同预审与合同签订的具体事务工作当中。签约双方根据公司目前

的运营情况，结合招标文件的条款，制定符合自己公司项目运行的方案，从而保证双方利益最大化，满足招标方的要求。一旦确定双方的合同关系订立，就需要双方根据合同内容进行责任的全方位履行，构建合理的法律合同行为。

②履约阶段的合同管理。履约阶段的合同管理内容项目较多，合同双方当事人在明确各自的权利与义务的同时，需要对工程项目的全过程进行动态跟踪，从而建立适合项目运行发展的保障体系。根据项目中可能存在的风险因素进行提前预估，对可能发生的合同变更或违约索赔事件进行管理，以此来实现建设工程的顺利进行。

③终止阶段的合同管理。项目进行至交底尾声时期，就需要对此期间的合同管理进行收尾总结，对此期间产生的各项条目进行分类归档，对其他产生的特殊情况及时补充档案资料，方便后期调阅。

（二）合同管理的特点

由于大型建设工程在投资建设过程中具有持续周期长、投资金额大以及项目风险高的特点，所以合同管理作为贯穿建设工程项目执行的全过程管理手段，需要将合同双方的责任与义务进行文字性明确表述，因此合同管理具有以下四个特点。

1. 专业技术要求高

大型建设工程的投资规模巨大，因此在实施过程中涉及了各个细节，尤其是先进的工程技术标准和精细的施工工艺，这些都需要具有丰富现场工作经验和扎实理论基础的专业人员进行合同管理相关工作。只有从具有法律约束效力的文本层面提前对其进行约束，才不会在产生纠纷的时候造成不可挽回的影响。

2. 风险承受能力强

大型建设工程的实施过程具有较多不确定性风险因素，这些都可能会对项目造成影响。承包方需要在适应自身风险能力的基础之上进行项目承接，一旦出现风险承受能力与自身适应程度不匹配的情况，或者发生了不可预知的风险性因素就会对项目承包方产生重创，尤其是政策性变更、社会性调整等因素。

3. 系统构建能力强

对于大型建设工程而言，其施工过程涉及了人员、材料、设备、规范等诸多需求，这些单方面因素串联成一个庞大的系统工程，中间某一环节一旦出现简单失误，就会对整个工程的建设产生不可挽回的影响。合同管理需要将这些细节因素进行构建，在整体运行过程中强调细节之间的密切联系，从而保证各项节点工程适应总体，确保工程顺利完成。

4.全过程动态管理

建设工程自开工起，就需要建设工程合同进行约束，直至项目结束。由于建设工程持续周期长，期间可能涉及的变动因素较多。因此，合同管理必须坚持动态管理，对其全过程进行跟踪式调整，一旦出现变动就可以根据不同时期的要求进行及时调整。

（三）合同管理的意义

合同管理是有效规范建设工程项目的具体实施细节的管理手段，科学有效的管理会给企业带来良好的经济收益，同时也将在竞争激烈的市场中为企业带来更广阔的生存空间。

合同管理的规范化体现在技术、管理、科学与经济等各个方面的实践工作上，其目的是保证建设工程的运转合理、高效。完整而规范的合同管理具有重要的战略意义，首先，可以提高项目管理效率，通过合同提出合理要求，有效控制施工全过程之中所产生的质量、成本、安全等问题，从而实现全方位、多角度的工作沟通；其次，可以规范各建设主体的行为，成为施工全过程当中处理问题的法律依据，保证了各方参与主体的权益，能够公平、合理地处理各类纠纷，大大规范了市场行为；最后，还可以不断提高企业的竞争力，让企业在逐步扩大的外部竞争当中，有效地完善和超越自我，更进一步地增强自身在市场当中的竞争力。

二、合同管理与水利工程各环节的关系

（一）招标采购

《中华人民共和国民法典》规定合同是民事主体之间设立、变更、终止民事法律关系的协议，当事人订立合同，可以采取要约、承诺方式或者其他方式。要约是希望与他人订立合同的意思表示，其中要约邀请是希望他人向自己发出要约的表示。拍卖公告、招标公告、招股说明书、债券募集办法、基金招募说明书、商业广告和宣传、寄送的价目表等为要约邀请。这就说明，招标采购是以要约方式订立合同的一种方式。招标与投标作为水利建设工程的市场交易过程，其实质应是一种公开、公平、开放式的签订合同的方式，招投标过程就是水利工程合同谈判与签订的过程。招标采购的目的是订立合同，合同签订后的履约与执行情况

才能真实体现招标采购的效果，才能依此实现工程建设质量、投资和工期控制的目标。

（二）投资计划

水利是国民经济和社会发展的基础和命脉，水利工程是我国基础设施的重要组成部分，也是水利经济的载体。保障水利建设有稳定的投资来源，是经济稳定、持续和健康发展的需要。庞大的投资规模，如何准确计量投资完成情况、如何评估投资的成效，对投资决策有着重要意义。当前，投资统计主要由计划部门依据形象进度测算，缺少具体的计量依据，数据准确度有一定的偏差。如果完成投资情况与合同价款计量紧密衔接，建立在合同价款支付基础上形成的完成投资则更为真实准确，可以为投资决策提供更为扎实的依据。

（三）验收工作

依据《水利工程建设项目验收管理规定》，水利工程建设项目验收，按验收主持单位性质的不同分为法人验收和政府验收两类，法人验收是政府验收的基础。工程建设完成分部工程、单位工程、单项合同工程或者中间机组启动前，应当组织法人验收。其中合同工程完工验收是为了完善合同管理而新增加的内容。在工程实践中，合同工程与单位工程（分部工程）验收两者之间该如何衔接在验收中容易产生混乱。在《水利水电建设工程验收规程》中规定，当合同工程仅包含一个单位工程（分部工程）时，宜以单位工程（分部工程）验收名义结合合同工程完工验收一并进行，但应同时满足相应的验收条件。对于一个单位工程（分部工程）包含若干合同工程或者一个合同工程包含若干单位工程（分部工程）的情况，则需要分别组织单位工程（分部工程）和合同工程完工验收。因此，但凡涉及有合同的，合同工程完工验收是必经环节。

（四）合同变更与设计变更

水利工程一般具有投资规模大、涉及面广以及公益性强的特性，决定了水利工程具有施工情况复杂、不可确定因素多和管理困难多等特点，这些特点导致在工程实施过程中设计变更的情况在所难免。设计变更往往会对工程质量、工期以及投资效益产生影响，因此水利主管部门高度重视设计变更工作。

2020年，水利部对《水利工程设计变更管理暂行办法》进行了修订，使水利工程设计变更工作得到了有效的规范和加强。一个水利工程的实施，合同范围内的设计变更必然导致合同的变更，但是导致合同变更的因素不一定是设计变更，但凡有导致业主与承包商权利义务发生变化的情况都应在合同变更中体现。因此，制定适应水利行业特点的合同变更管理办法十分必要和迫切。

三、水利工程合同管理类型分析

（一）勘察设计合同管理

勘察设计合同应由建设单位和设计单位或有关单位提出委托，该类合同需具有上级机关批准的可行性研究报告方能签订。如果独立委托施工图设计任务，应同时具有经有关部门批准的初步设计文件方能签订。

勘察设计合同生效后，委托方一般应向承包方付20%的定金，合同履行后抵作设计费。如果委托方不履行合同，无权要求返还定金；如果承包方不履行合同，应双倍返还定金。

建设工程勘察设计合同的当事人双方都应该十分重视合同的管理工作。随着基本建设管理与国际惯例的逐步接轨，尤其是在项目总承包的工程中，建设工程勘察设计合同管理还应包括第三方——监理人对合同的管理工作。

1. 合同订立的管理

①根据《中华人民共和国招标投标法》与住房和城乡建设部的有关规定，通过招投标授予（取得）设计合同。

②住房和城乡建设部颁布的招标文件范本是编制招标、投标文件的依据，也是合同文件的范本，发包人与中标设计单位经过平等协商解决招标、投标文件之间的差异，订立勘察设计合同。

③合同的订立要符合基本建设程序，以国家批准的项目建议书或可行性研究报告为基础，进度安排要符合基本建设程序和设计内在客观规律的要求。

2. 合同履行的管理

设计合同在履行中特别要注意处理好以下三个关系。

一是根据设计内在客观规律，委托方要及时提供基础资料，但设计单位也要主动协助。

二是当委托方要求更改初步设计已审定的原则时，设计单位要认真进行科学论证，对于不合理的要求要耐心进行说服工作，并要求按规定办理必要的审批手续。

三是主体设计单位要起到设计总体归口管理的作用。主要包括：第一，协助发包人与单项设计单位签订合同；第二，在技术条件与设计范围等方面做好必要的协调工作；第三，在概预算管理方面，要做到该统一的应统一（如"三材"价格），项目划分上不重不漏。

3. 监理人对勘察设计合同的管理

（1）勘察设计阶段监理人进行合同监理的主要依据

①建设项目设计阶段监理委托合同。

②批准的可行性研究报告及设计任务书。

③建设工程勘察设计合同。

④经批准的选址报告及规划部门批文。

⑤工程地质、水文地质资料及地形图。

⑥其他资料。

（2）招投标阶段的工作

①根据设计任务书等有关批文和资料编制设计要求文件或方案竞赛文件。采用招标方式的项目监理人员应编制招标文件。

②组织设计方案竞赛、招投标，并参与评选设计方案或评标。

③协助选择勘察设计单位。主要审查承包方是否属于合法的法人组织，有无有关的营业执照，有无与勘察设计项目相应的资质证书；调查承包方勘察设计资历、工作质量、社会信誉、资信状况和履约能力等，并提出评标意见及中标单位候选名单。

④起草勘察设计合同条款及协议书，保证合同合法、严谨、全面。

（3）勘察设计合同管理的准备工作

①熟悉合同，了解合同的主要内容、合同双方的责任及义务。

②了解勘察设计单位履行合同的计划和人力的安排。

③了解依据合同由项目发包人为勘察设计单位提供的文件、资料内容和提供时间。

④了解依据合同由勘察设计单位提供给项目发包人的成品内容和提供时间。

⑤熟悉工程前期资料，了解合同规定的勘察设计成品的质量标准。

⑥明确合同管理的监理工程师。

（4）对勘察设计进度进行的管理

①项目发包人提供给勘察设计单位的文件、资料时间是否按合同规定提供。

②勘察设计单位阶段性的计划是否满足项目发包人的要求，实际进度是否符合勘测设计计划大纲规定的计划进度。

③勘察设计成品是否按合同要求时间交付。

④项目发包人按期支付合同价款，逾期不支付，按合同约定支付滞纳金。

（5）对勘察设计质量的管理

①勘察单位应按合同规定，按照国家现行有效规范、规程和技术规定，进行工程地质、水文地质的勘察工作，按合同要求提供成果。

②设计单位应根据项目发包人提供的工程审批文件、有关技术协议书以及合同规定的设计标准、设计规范进行设计。

③设计单位提供的设计成品符合国家规定的设计内容、深度要求。

④设计修改是否满足审批文件要求和满足现场施工要求。

⑤设计的总体水平是否满足安全生产、经济运行和满负荷的要求。

⑥设计成品及图纸组织是否满足行业规定标准，成品签证是否完整。

4.承包方对合同的管理

承包方对建设工程勘察设计合同的管理更应充分重视，应从以下三个方面加强对合同的管理，以保障自己的合法权益。

（1）建立专门的合同管理机构

一般勘察设计单位均十分重视工程技术（设计）部门的设置与管理，而忽视合同管理部门及人员。但事实证明，好的合同管理所获得的效益远比仅靠采用先进的技术方法或技术设备获得的收益高得多。因此，设计单位应专门设立经营及合同管理部门，专门负责设计任务的投标、标价策略确定，起草并签署合同以及对合同的控制等工作。

（2）研究分析合同条款

勘察设计单位一般会忽视合同条款的拟定和具体文字表述，往往只注重勘察设计本身的技术要求，不重视合同文件本身的研究。在建立社会主义市场经济体制的过程中，市场需要用法律规范，而勘察设计合同就是勘察设计工作的法律依据。勘察设计的广度、深度和质量要求，付款条件以及违约责任都构成了勘察设计合同执行过程中至关重要的问题，任何一项条款的执行失误或不执行，都将严重影响合同双方的经济效益，也可能给国家带来不可挽回的损失。因此，注重合同条款和合同文件的研究，对于勘察设计单位履行合同以及实现经济效益都是不无裨益的。

（3）合同的跟踪与控制

勘察设计单位作为合同的承包方应该跟踪、控制合同的履行，将实际情况和合同资料进行对比分析，找出偏差。如有偏差，将合同的偏差信息及原因分析结果和建议及时反馈，以便及早采取措施、调整偏差。合同的控制是指应该在合同规定的条件下，控制设计进度在合同工期内；保证设计人员按照合同要求进行合乎规范的设计，并将设计所需的费用控制在合同价款之内。

（二）施工承包合同管理

1. 施工平行承发包管理

（1）施工平行承发包模式的含义

平行承发包又称分标发包，指发包方根据建设工程项目特点、项目进展情况和控制的目标要求等因素，将建设工程项目按照一定的原则分解，分别发包给若干个施工单位，各个施工单位分别与发包方签订施工承包合同的形式。施工平行承发包模式中各个施工单位的地位是平等的。

（2）施工平行承发包模式的特点

施工平行承发包的业主类似于总承包管理的角色，业主管理工作量大而复杂。在费用控制方面，平行承发包可以降低工程造价，降低了合同双方的风险，但对工程投资早期控制不利；在进度控制方面，可以缩短建设周期，这是有利的一面。但是业主管理工作量大；招投标的次数多，招标工作量大；业主的管理成本较高，管理风险较大；这些方面均对业主不利。

施工平行承包模式一般适用于项目规模较大，时间紧迫，业主有足够的管理能力应对多方施工单位，并且业主可以兼顾多种关系的情形。

2. 施工总承包管理

（1）施工总承包模式的含义

总承包模式是指发包人将全部施工任务发包给一个施工单位或由多个施工单位组成的联合体或合作体，施工总承包单位视需要再委托其他施工单位作为分包单位配合施工的模式。施工总承包模式中总承包单位主要靠自己的力量完成施工任务，承包人经发包人同意，也可以将自己承包的部分工作交由分包人完成，但分包人应就其完成的工作成果与总承包人向发包人承担连带责任。

（2）施工总承包模式的特点

施工总承包模式中，业主只负责总承包单位的管理及组织协调，只需一次招投标，业主的合同管理工作量小。相对平行承发包模式而言，只有一个承包人，协调工作量小，合同管理简单，但要等设计图纸完成后才能进行招投标。施工总承包模式一般开工较晚，建设周期比较长，对进度控制不利。但基于施工图纸已经完成，有利于业主对总造价的早期控制。

四、水利工程合同管理的重要性

（一）市场经济发展的产物

我国市场经济机制的发展和完善，要求政府管理部门转变政府职能，更多地应用法律、法规和经济手段调节和管理市场，而不是用行政命令干预市场。市场经济是竞争经济，通过市场竞争，国家从客观上实现资源配置的最优化，从微观上实现效益最大化。市场经济也是契约经济，合同则是市场主体最基本的行为，市场主客体的关系就是合同关系，主客体的权利义务通过合同明确，合同是界定市场主客体利益的重要依据。可以说市场经济竞争机制的形成，以合同秩序的健全为提前，没有健全的合同制度，就没有健全的市场机制。

（二）法治中国的重要内容

党的十八大以来，党中央明确提出全面推进依法治国并将其纳入"四个全面"战略布局予以有力推进。其中，坚持法治国家、法治政府、法治社会一体建设就是要解决政府职能越位、缺位、错位问题，使政府职能边界日益清晰、权力配置更趋合理、治理水平不断提升。项目建设管理是政府职能的重要领域，合同管理是建设项目管理的重要组成部分，建设工程合同的管理不仅能够促进建设工程整体效益的提高，而且还能在一定程度上推动建设工程市场的健康化、合理化进程。合同管理是政府与市场联系的重要纽带，建设项目合同管理的水平体现了政府的治理能力和水平，是依法治国的重要内容之一。

（三）项目建设管理的核心环节

建设项目一般具有周期较长、涉及面较广、内容繁多、一次性投资大等特点，如果不依照一定的规范规则操作，必然会导致项目管理的混乱。合同的作用就是把一个交易过程规范化，同时合同的订立和履行均应符合法律法规的要求。合同也是一个交易法制化的过程，因此，合同管理的本质在于规范市场交易行为。合同管理是工程项目管理的重要组成部分，其本质和作用决定了无论是对承包商的管理，还是对项目业主本身的内部管理，始终是建设项目管理的核心。

（四）水利工程特殊属性的内在要求

水利工程一般具有公益性的社会属性，工程投资基本以政府投入为主体，水利工程建设的市场化程度和管理水平更能体现政府管理的水平。水利工程一般还具有规模大、技术复杂、工期较长和投资多等特点，这就要求水利工程兴建时必须按照基本建设程序和有关标准进行。水利工程的特殊属性和特点要求其在建设过程中更需要发挥合同管理的作用。随着多年来大规模水利工程的建设实施，水利工程建设水平不断提升，水利工程合同管理的重要性也日益凸显。

第二节　水利工程施工合同的实施与管理

一、水利工程施工合同的控制

（一）合同控制的作用

①进行合同跟踪，分析合同实施情况，找出偏差，以便及时采取措施，调整合同实施过程，达到合同总目标。

②在整个施工过程中，能使项目管理人员一直清楚地了解合同实施情况，从而对合同实施现状、趋向和结果有一个清醒的认识。

（二）合同控制的依据

①合同和合同分析结果，如各种计划、方案、洽商变更文件等，是比较的基础，是合同实施的目标和依据。

②各种实际的工程文件，如原始记录，各种工程报表、报告、验收结果、计量结果等。

③工程管理人员每天对现场的书面记录。

二、水利工程施工合同管理的现状

（一）合同文本的规范性不足

水利工程施工建设的双方进行合同文本签订时，对其文本规范性重视不足，从而导致在具体施工与管理过程中出现较大分歧或争议时，不能得到有效解决，同时也会对水利工程的建设和管理产生严重的危害和影响。

此外，合同管理中对施工企业进行项目承包后不能再向第三方转包有着明确规定，并且对项目的主要工程部分，也不能进行分包或转包等。但是，在实际施工中，仍然存在着一些分包或转包的违法行为，严重影响了水利工程的正常建设。

（二）合同履约水平较低

合同是民事主体之间设立、变更、终止民事法律关系的协议，但是水利工程建设项目有着一定的特殊性，其委托方大多为政府委托授权的项目法人，一定程度上合同签订双方的权利是不对等的。

以水利工程施工合同为例。自合同签订后，业主和承办单位应当按照合同约定各自履行义务。当工程建设过程中发生与合同约定不一致的内容时，应当通过协商达成一致并变更合同相关内容后再实施。而实际情况往往是在实施过程中的变更变化在合同变更中体现得较少，反映出合同履约水平较低。

（三）合同内容与招标文件要求不统一

随着水利工程施工建设的不断发展及其施工管理的法律体系不断完善，需要在具体施工和管理中严格按照我国合同管理以及工程项目建设招投标管理等有关规定严格执行，从而对水利工程建设的稳定发展以及良好市场秩序的构建提供有力的保障。但是，一些水利工程建设单位在工程建设中存在不招标以及不报建等违法行为，或者是具体操作程序不规范等，导致水利工程建设及其合同管理中也存在着招标文件要求和合同内容不统一等情况，严重影响了水利工程建设的发展与合同管理水平的提升。

（四）合同管理的人员水平较低

水利工程合同管理对有关工作人员的能力水平要求较高，需要其具备相应的经济学以及管理学等方面的知识，并且对水利工程的施工建设有一定的了解。然而，从水利工程合同管理的实际情况来看，部分管理人员管理知识较为缺乏，或者是对水利工程施工建设情况的了解不足等，导致其在具体管理中，不能有效解决与积极处理各类问题和状况，从而导致水利工程合同管理的效果不理想。

三、水利工程施工合同全过程管理的措施

（一）完善管理机制

水利工程管理中，合同管理的管理机制是否完善，对管理质量有直接的影响。完善水利工程合同管理机制，对管理流程、评标办法进行制定，能够保证管理工作的科学性。合同管理机制的建立与完善，需要考虑施工单位的利益问题，留足利润空间，避免施工单位在投标过程中出现盲目压价的情况。采取措施将投资与施工分离开，避免建设单位过多干预施工行为，以便施工

单位在施工过程中能够真正发挥其价值。

（二）规范合同签订流程

水利工程实施过程中，涉及的合同类型比较多，不同合同在签订时需要注意的内容也不同，所以为保证合同有效签订，施工单位与建设单位在相关合同签订中，可参考《水利水电工程施工合同和招标文件示范文本》中有关合同的格式规范、行文方式等，在签订合同时积极采用，避免因为合同内容书写不规范引起不必要的纠纷。

此外，合同签订后，合同签订双方在水利工程实施阶段都需要严格按照合同内容开展施工，确保施工各环节均与合同约定内容相符。同时，合同管理人员在施工过程中除了做好合同管理外，也需要做好施工检查工作，避免施工中出现与合同规定不符的现象发生。如果发现此类现象，需了解具体原因，并与施工单位进行沟通解决，避免对施工进度、工程质量等产生不利影响。

（三）提升合同管理人员的管理能力

合同签订后，为保证合同管理效果的提升，建设单位与施工单位均应在合同管理方面配备专业能力强、经验丰富的管理人员，专门负责合同管理工作。由于水利工程中签订的合同比较多，同时合同中涉及大量水利方面的专业知识，所以对合同管理人员而言，除了具备管理学知识外，对水利工程方面的知识也应该加强了解。所以，对合同管理人员而言，应该在日常工作中，对水利工程专业的知识进行不断学习。同时，在进入岗位前，不管是施工单位还是建设单位，都应对本单位的合同管理人员进行专业的培训，使其专业知识、管理技能等均能得到提升，保证合同管理效果的实现。需要注意的是，水利工程施工中，一个阶段的施工完成后，在进入下一阶段施工前，合同管理人员需对上一阶段的合同实施情况进行分析，做好合同交底工作，并为下一阶段做好准备。只有这样，合同才能在施工过程中被更好地执行。

（四）重视分包过程审核

在水利工程施工过程中，分包现象比较常见，在施工项目分包过程中，如果对合同审核不严格，则容易出现不按合同约定施工的情况，最终引发质量问题。所以，在分包过程中，需严格审核分包合同，并对分包商是否具有合法的资质、分包合同是否具备规范的格式、分包内容是否符合法律法规要求、分包合同签订流程是否规范等进行详细审核，避免资质不全的分包商进场。

（五）加强施工中的合同变更管理

水利工程施工建设的工期较长，且投资巨大，施工开展容易受到自然气候等各种因素的综合影响，从而出现合同变更情况，对施工开展及工程建设效益的提升形成制约。此外，对于施工单位来讲，施工过程中的合同变更以及对合同变更的管理，也是进行索赔和反索赔的重要依据。

因此，必须重视合同管理中的合同变更管理。加强合同变更管理，不仅要求合同管理的有关部门和人员对项目运行中的工程施工与建设实际情况进行密切关注，也要注意加强和施工管理部门之间的有效沟通，对施工中出现的与合同约定不符的情况，应及时进行记录并备案管理，以通过第一手的、更为充足的资料收集，为合同变更以及有关管理做好准备。

（六）重视合同履约评价及其成果运用

为保障履约评价结论的真实客观，为后续成果运用提供扎实基础，履约评价应建立在合同履约过程中的日常管理中。为使评价工作规范有序，水利行业主管部门应制定适应本地区特点的统一的评价标准，日常评价以项目法人自评为主，行业主管部门可以不定期开展第三方评价。履约评价的成果应与招投标相衔接，以"奖优罚劣"的方式予以体现。长此以往，逐步达到净化市场环境、提高资源配置效率、实现水利行业建设市场良性发展的目标。

第三节　水利工程施工合同索赔管理

一、水利工程施工合同索赔概述

（一）水利工程索赔的内涵

索赔主要是应用在合同中，在履行合同的过程中，合同一方因为非自身原因无法履行合同约定，从而引发经济损失，然后向对方要求赔偿损失，这个行为就是索赔。开展水利工程施工合同索赔，主要涉及施工技术和项目管理以及合同法律等方面，在合同索赔阶段需要结合水利工程的实际施工情况。

工程索赔要保证是承包人因非自身因素而引发损失，可以是发包人的行为引发的损失，也可以是不可抗力因素引发的损失。自然条件很容易影响水利工程施工，因为事前无法预料所有的因素，例如无法精确地预测水文气象条件，再如勘测地质条件的过程中，虽然可以参考勘测资料，但是无法将地下情况详细准确地反映出来，导致设计方案不完全符合实际情况，所以在水利工程施工中将会发生设计、工程变更行为。因为水利工程普遍规模较大，合同内容非常复杂，所以很容易存在不完善的部分。水利工程具有较长的工期，在实际施工过程中相关政策法规可能会发生改变，这些情况发包人无法准确地把握，也将会引发承包人向发包人索赔。

（二）水利工程索赔的引起原因

工程索赔的原因主要包括外界因素和工程本身因素，其中，外界因素包括自然因素和政治因素，例如在施工中遇到的各种不可抗力因素，如暴风、洪水以及地震等；工程本身因素指的是与工程相关的因素，例如在工程建设中需要组织搬迁，工程质量不符合标准等。

（三）水利工程索赔的要素分析

非自身原因引起的；有充足的合同依据；规定期限内按照程序进行索赔；索赔就是对实际损失的补偿。

（四）水利工程施工合同索赔的意义

1. 索赔是合同管理的重要组成部分

索赔和合同管理的关系非常紧密，二者相辅相成。索赔工作的开展需要以合同约定为根据，合同管理过程难以避免各类索赔事件，因此索赔工作开展的前提是加强合同管理。

2. 索赔可以挽回损失

在合同实施过程中，由于受多种因素影响，发包人和承包人双方都有可能引起合同约定的变更及违约情况，从而给对方带来经济损失。通过有效合理的索赔，可以为受损方争取必要的经济赔偿。

3. 索赔有利于提高文档管理水平

完成索赔工作除了具有合理的合同依据，还需要具备充足的证据及证明材料，其直接影响到索赔事件的处理及工期、费用计算。因为水利工程设计内容多，并且普遍工期较长，从而涉及的文件资料比较多，所以及时、全面、分门别类、准确地记录并整理归档施工基础资料及现场签证资料是索赔工作能够高效完成的重要工作。由此，应做好档案管理工作。

4.索赔有利于提高合同管理效率

合同双方在签订合同前可以通过商议更好地完善合同条款，有效规避和减少除政策法规及不可抗力之外的部分索赔事件的发生，以降低合同管理工作难度，提高合同管理效率。

二、水利工程施工合同索赔管理的原则

（一）加强预防

水利工程施工合同索赔管理的重点是管理，为了保护合同双方的经济利益，在水利工程施工中，双方需要加强沟通，加大监督和管理力度，避免发生施工违约，顺利履行施工合同。如果在水利工程施工中遇到了问题，合同双方需要通过沟通商议制定问题解决方案，提高问题解决效率，以便于顺利开展水利工程施工。如果缺乏预防工作，发生索赔问题之后，合同双方需要冷静分析，合理地分析和判断问题，公开地讨论问题，友好地处理索赔问题。

（二）以合同为基础

发生索赔事件后，合同双方需要将合同中的赔偿条款作为索赔标准，如果合同双方产生了不一致的意见，可以组织相关人员调查分析合同履行情况，针对实际情况处理索赔问题。在合同索赔阶段不能利用虚假证据，应本着"实事求是"的原则，提高水利工程施工合同索赔工作的公正性和合理性。

（三）合同双方要同时开展工作

水利工程施工阶段为了避免发生索赔问题，顺利履行水利工程施工合同，合同双方需要安排专业管理人员监督管理合同履行情况和水利工程施工情况，建立管理委员会和相关制度等，实时掌握工程实际进展，以通过及时沟通减少和避免索赔问题。一旦发生索赔问题，合同双方需要安排专业管理人员及时处理，通过协调沟通，"多快好省"地解决施工索赔事件，提高合同索赔的效率。

三、水利工程施工合同索赔管理的程序

在工程项目实施过程中，经常会出现索赔事件，但是在实际处理中存在较大的难度，其中承包人内部管理和发承包双方解决索赔问题的阶段都存在较多的问题。合同双方需要严格遵守合同约定的索赔工作程序开展索赔工作，避免出现索赔无效的情况。以下是索赔程序的基本步骤。

（一）索赔意向通知

在发生干扰事件之后，承包人需要及时做出反应，结合合同规定通过监理人向发包人提出书面的索赔通知，并且需要申明对此干扰事件的索赔意向。

（二）起草并且提交索赔报告

提出索赔意向通知之后，承包人需要在合同规定的时间内提交正规的索赔报告，报告主要包含总论（主要过程及索赔要求）、合同引证（相关合同条款）、索赔额计算、工期延长论证、证据五部分。

（三）解决索赔问题

项目管理人员需要合理解决索赔问题，承包人提交索赔报告之后，发包人需要在合同规定期限内答复所谓的要求。在索赔报告完成审查评估之后，通过谈判、仲裁等方式解决索赔问题。

四、水利工程施工合同索赔管理的方法

（一）合理签订合同

索赔管理工作的目标是降低合同风险，从而减少损失，但实际工作中在各种因素的影响下，经常会发生索赔问题。为了有效界定未履约的行为，需要结合合同规定。承包人需要逐条评估合同条款和发包人的施工要求，为自己留下缓冲的时间，明确自己需要承担的履约责任，避免发包人附加隐含条款而引发索赔问题。

一些发包人为了避免承包人延期造成的损失，在合同条款中严格限定发电机组安装和调试的周期，如果超过调试期需要进行罚款。承包人完成评估之后，为了满足发包人要求的施工进度，需要投入额外的人力和设备等，因此增加了额外的成本，这就需要在合同中追加奖罚对等的条款。如果到期没有完成施工任务，需要接受惩罚，但是提前完成施工任务，也要给予奖励。在实际施工过程中，承包人利用各种方式提前完成安装调试工作，发包人需要给予承包人一定的奖励款。这就突出了合理签订合同的重要性。

在管理合同索赔的过程中，合同双方需要详细了解合同条款，尤其需要全面检查和分析施工情况，保障相关条款说明的正确性，明确自己的责任和义务，针对不合理的条款需要及时处理，全面检查合同，确定无异议之后再签订合同，以此有效保护合同双方的权益。

（二）注重工程质量

在水利工程施工过程中，保证工程质量是承包人最重要的履约责任，这也是索赔管理的重点。如果承包人在施工过程中产生问题，发包人即可索赔。因为水利工程的工程量比较大、涉及面广，要求技术人员必须全面评估水利工程的实际情况，同时结合自身工作能力客观地评估施工条件和施工进度等，方便后期施工过程中控制偏差，避免因为缺乏项目管理导致最终工程不符合合同工期和质量标准，最终发生索赔。

承包人需要召集项目管理及技术人员评估施工进度、施工水平和客户验收标准等，合理修改并完善施工方案之后再向发包人提交，同时和发包人协商，最后确定合同规格，避免因为质量问题引发索赔。

在水利工程施工过程中，一些承包人没有严格检查工程质量，后期发包人在检查的过程中将会因为质量问题提出索赔。在水利工程施工过程中，承包人需要聘请专业技术人员，完善整个水利工程施工过程，通过科学的评估，合理安排和规划施工建设过程，保障每个环节的施工质量，保障合同双方都能满意，避免发生索赔问题。针对难度较大的施工操作，承包人可以聘请专业技术人员负责监督和指导施工操作，由此保障整体的施工质量。

（三）保障索赔报告的科学性

在编制索赔报告的过程中，需要安排专业编制人员，也可以委托专业机构完成这项工作，根据工程实际情况和合同条款，同时结合国家法律法规等编制索赔报告。编制人员需要保障索赔报告内容完整、详细、清晰，利用客观的措辞和严谨的语句，有理有据地表明索赔要求，用充分的依据和强有力的证据佐证索赔事件的真实性、合理性。

（四）设置专职部门管理索赔工作

在合同实施过程中，必须设专职管理机构，由专职人员管理索赔工作，一般由合同管理部安排专职人员全过程负责合同索赔事项。

（五）保障资料收集和索赔工作质量

落实合同索赔管理工作，需要做好资料收集整理和签证工作，包括及时收集整理有关索赔的证据资料，其中包括招标投标文件、工程合同及附件、施工组织设计、技术规范等。

此外，还要搜集工程施工过程中往来的函件、通知、答复等，只有保障资料收集的全面性，才可以顺利解决索赔问题，提高索赔成功率。

（六）引入保险机制

在水利工程施工过程中，受自然环境、异常恶劣天气、不可抗力等因素的影响，投入施工的人员、材料、机械设备等资源，都有可能出现不可预料的情况，为了避免不可预估风险的负面影响，保障合同双方各自的利益，在合同条款中融入保险机制是必不可少的。合同双方需要根据工程特点及施工情况合理分析影响因素，协商之后可以选择合适的保险机制，明确规划合同条款中的风险义务等，降低索赔风险性。保险机制在水利工程施工合同中属于附属文件，需要由合同双方协商购买保险的费用，根据特定比例由合同双方共同承担。

五、水利工程施工合同索赔管理的技巧

（一）及时捕捉和利用索赔机会

索赔的基础依据是施工合同文件，承包人需要认真研究合同文件，熟练掌握合同条款，确定哪些条款可能会发生索赔，在施工过程中着重注意收集该方面的基础资料。一旦发生干扰事件，承包人需要及时分析事件发生的原因，及时按照索赔程序向发包人申明自己的索赔要求，争取最大限度地弥补自身损失，保障承包人处于有利地位。

（二）提高索赔工作的效率

本着"专业、科学、实事求是"的原则，组织专业的队伍，安排专业的人，运用科学的方法，实事求是地对待索赔工作。由项目合同管理、工程造价、技术人员组成的队伍，依照合同条款，根据法律法规，结合基础资料，运用科学合理的计量和组价方法，得到"拿得出、讲得透、算得来"的索赔报告，以最快的速度得到赔偿款。

第八章　水利工程施工安全与环境管理

对于社会经济的发展而言，水利工程的建设是至关重要的，所以，要想保证它的质量，那么就要把握好相关的施工安全管理工作。此外，在水利工程施工中还要认真贯彻落实国家有关环境保护的法律、法规和规章，做好施工区域的环境保护工作。本章分为水利工程施工安全管理和水利工程环境安全管理两部分，主要包括安全管理概述、水利工程施工安全管理现状分析等内容。

第一节　水利工程施工安全管理

一、安全管理概述

（一）安全管理的内涵

安全管理是企业生产管理的重要组成部分，是一门综合性的系统科学。安全管理是对生产中所有人、物和环境的状态管理和控制，是一种动态管理。安全管理主要是组织实施企业安全管理规划、指导、检查和决策，也是保证生产处于最佳安全状态的根本环节。现场安全管理的内容一般可概括为四个方面：安全组织管理、现场设施管理、行为控制和安全技术管理，主要是根据生产过程中人、物、环境的行为和状态进行管理和控制。

（二）安全管理的基本原则

1.管生产同时管安全

安全对于生产活动具有推动与保障意义。所以，尽管安全与生产有时候会发生矛盾，但是从安全生产管理的目标与目的出发，仍然显示出了很高的系统性与完整的一致性。安全管理作为生产管理的关键组成部分，在生产经营活动中两者密切相关。

生产与安全并举，不仅仅是要确定各级领导的管理职能，更要将业务范围内的职能，具体到与生产相关的各种机构和人员。由此可见，一切与生产活动相关的机构和员工都应该参与管理，并对管理结果负责。

2. 坚持安全管理的目的性

安全管理工作的基本内容就是负责管理生产中人、物质、环境的状况，并分别合理管理人和物质中的不可靠情况和不可靠状况，以减少或避免事故的发生，达到保障员工财产安全和身心健康的目的。盲目的安全管理往往是人力、财力消耗后风险却仍然存有。从某种意义上说，盲目的安全管理危害了民众的财产安全和身心健康，从而使问题向着更加严峻的方向发展或转变。

3. 贯彻预防为主的方针

安全生产的方针是"安全第一，预防为主"。预防为主，首先要提高对产品中各种不安全性因素的识别意识，并端正去除各种不安全性因素的心态，确定在恰当的时间内去除各种不安全性因素。当在布置工程与设置产品内容时，应充分考虑建设过程与生产中可能存在的风险。

4. 坚持整体动态管理

安全管理不仅是少数人和安全管理组织机构的工作内容，更是与生产活动相关员工的共同业务。缺乏所有人员的积极参与，安全管理工作就没有活力，也就不能产生很好的管理效益。安全管理体系涵盖了生产活动的方方面面，既包括了从开始到结束和交付的整个生产流程，也包括了整个生产时间以及各种持续变动的生产因素。

5. 安全管理重在控制

安全管理工作的主要目的是预防和消减事故，避免或减少事故损失，确保员工的人身安全和健康。管理的四大关键内容虽然是为了管理目的，但各要素状态的监控与管理目的的关系更为密切。因此，必须把控制生产中人的不安全行为和物质的不安全状态作为安全管理的重点。从事件发生原理出发，安全管理的重心必须是管理生产要素的状况。

6. 在管理中发展、提高

安全管理是在不断变动的生产活动中实施的动态管理。管理方式也意味着企业是可持续发展和变革的，以满足日益多变的生产活动。但更需要的是进一步探寻新的管理规律，总结管控方式与经验，引导变化后的管理工作，进一步将安全管理工作提到新的高度。

（三）安全管理的主要内容

在成立并完善安全管理组织机构的同时，配置必要的安全生产管理人员，为安全生产提供组织保证。安全管理的主要内容有以下五点。

①建立与健全安全生产责任体系，让安全生产的相关事项都有章可循。

②经常开展安全培训和教育，提高员工的素质。

③进行日常和定期的安全检查。

④加强生产现场的安全管理。

⑤做好有关事故方面的各项工作。

二、水利工程施工安全管理现状

（一）项目安全责任不落实

未建立安全管理机构或未成立项目安全生产领导小组；未设定安全生产目标管理计划，未签订安全生产目标责任书；安全生产制度不健全。《水利工程施工安全管理导则》对项目法人及参建单位在目标管理、费用管理、教育培训、隐患排查、危化品安全管理等方面提出了明确的要求，这是项目安全管理工作的重要依据。根据规定，项目法人要每月召开一次安全生产例会、每季度召开一次安全生产领导小组会议；施工单位每周召开一次安全生产例会；监理单位定期召开监理例会，并要留存记录、形成纪要，但部分建设项目达不到该频次及相关要求。

（二）施工临时用电不规范

施工临时用电存在安全隐患，如施工用电未落实"三级配电，两级保护"和"一机、一闸、一漏"要求；供电线直接沿地面敷设，未架空；露天线路未采用防水接头；电气设备露天使用，未采取防水措施；用电线路穿越建筑物时未进行防护；电线跨越道路时，架空高度不够；未制定施工临时用电专项方案或未进行审查、报备等。

（三）设备设施管理不到位

设备设施进场未报监理单位验收；施工单位未建立设施设备管理台账，或设备台账与现场情况不符；设备维修养护不到位，存在安全隐患；起重机械、特种设备未定期进行检验；特种设备作业人员未持证上岗；项目法人、监理单位未定期对施工设备安全管理情况进行检查。

（四）技术方案审查报备不规范

专项施工方案是施工过程中非常重要的技术资料。施工单位应在施工前编制达到一定规模的危险性较大的工程的专项施工方案，由施工单位技术负责人组织相关技术人员进行审核，审核合格后，由施工单位技术负责人签字，报项目总监理工程师审核签字，并报项目法人备案。超过一定规模的危险性较大的单项工程的专项施工方案要组织专家论证。整个方案的编制、审核、报备程序要严格按照规定进行。在检查中发现，某些施工项目未针对达到一定规模的危险性较大的专项工程编制专项施工方案，专项施工方案编制不规范，专项施工方案未经单位技术负责人签字，或未经总监理工程师审核签字。设计单位经常在编制初步设计报告时不设安全专篇，在编制概算时不按规定确定安全生产费用。

（五）施工现场安全措施不落实

施工现场安全措施是安全管理的关键，但存在措施不落实的情况，主要问题如下。

①安全防护不到位，如未在临边、洞、井、坑、升降口等危险处设置围栏；高处作业临空边缘未设置防护栏杆；脚手架高处作业，临边未挂设水平安全网，并张挂立网；不稳定土体、高边坡、深坑下部作业未设置防护挡墙；垂直交叉作业，未设置隔离防护棚；临近带电体作业时，安全距离不够且未采取有效的防护措施；传动、转动部位未设置防护罩；等等。

②安全监测不到位，未对基坑开挖、高边坡施工、围堰修筑等开展安全监测。

③现场消防安全技术措施不够，如未制定消防安全管理制度和操作规程；未开展消防安全检查；未组织消防演练；现场消防设施配备不足；未设置消防安全标志；未制定危险化学品安全管理制度；汽油、柴油等危险化学品的储存使用不规范；施工作业中使用明火作业时，未落实防火措施，未办理动火作业票等。

（六）施工安全管理制度不明确

在当下的水利工程发展过程当中，要想水利工程的建设能够有效进行，就需要制定相应合理的安全管理制度，并且要全方位地融入整个工程项目的管理工作当中。目前，很多企业在水利工程施工管理工作中，对于管理体系的整改依然存在一定的问题。同时，在施工安全管理制度当中，对于考核制度的规定也没有做到公平、公正、公开，造成管理人员的工作不能顺利进行。

（七）隐患排查治理、危险源辨识不到位

未建立隐患排查治理制度；未建立事故隐患排查治理台账，台账记录与实际情况不符；事故隐患排查治理不闭合，隐患未及时整改销号；未按时向项目法人报送安全隐患排查治理情况；未制定危险源辨识制度；未开展危险源辨识，或辨识情况与现实情况不符；未根据水利部相关导则开展危险源辨识工作，对应辨识为重大危险源的未辨识出来；未对重大危险源制定应急预案，未进行监控，未建立专项档案；未对危险源情况进行动态管理和及时更新；等等。

（八）安全生产费用计提使用不规范

安全费用计提和使用的问题在施工过程中经常发生。如施工单位未建立安全生产费用管理制度，未按规定足额使用安全生产费用；未建立安全生产费用台账；把不符合安全生产费用规定的有关内容列入安全生产费用，把人员工资、购置办公电脑费用等列入安全生产费用；未编制安全生产费用计划，或未报监理审核等。

三、水利工程施工安全管理的优化措施

（一）健全安全管理体系

在水利工程建设单位内部完善安全管理体系是非常有必要的，主要目的是强化员工的安全意识、法治意识等，使整个企业在和谐稳定的环境中发展。对于施工企业来讲，要结合企业自身的发展特征，控制好安全管理的内容形式，然后根据出现的问题采取有针对性的管理方案，使水利工程的安全管理工作顺利进行，保证工程质量的提高。对于分支的小项目来讲，也要做好施工前的勘测工作。

在全工区推行安全生产网格化管理，根据"划片区、分专业、分时段"原则将各施工部位划分为若干网格单元，设置网格长、网格员，明确网格员职责，建立健全网格化管理工作长效运行机制，充分调动现场管理人员的主动性，强化安全生产源头管理，确保施工现场能够快速找到项目负责人。

（二）开展安全教育，提高安全意识

在水利工程建设当中，施工安全管理是整个工程项目的一个关键要点。不同的施工单位都应将安全教育内容作为整个施工管理的一个重要的部分。在施工管理的制度当中，首要在于将安全管理制度明确清楚，严格地去规范施工人员的工作。当在施工工作中有安全问题出现时，就可以根据制度要求去追究个人的责任。

因此，对于每位员工而言，要提高安全意识，要严格要求自己承担起安全职责，保障施工质量。

（三）切实落实安全生产责任制

项目法人和各参建单位要切实提高政治站位，强化安全生产红线意识和底线思维，压实各方安全生产责任，完善各项安全生产制度，完善施工安全管理体系；进一步强化安全防范措施，重点加强对施工现场的安全监管，特别是对高边坡、深基坑、围堰、临时用电等高风险部位的管理。

（四）完善水利工程安全监管方法

水利工程如果只建不管或者重建轻管，都可能导致水利工程达不到预期功效。因此，必须创新安全监管思路，创新安全监管方法，多措并举在完善水利安全监管方法上下功夫。

1. 因地制宜用好地方立法

随着新时代发展中的水利安全矛盾的变化，传统的水利工程管理体制机制已经难以适应新的安全监管形势。因此，要在水利安全监管中用好地方立法这个手段，推出一些因地制宜的地方性法规和政策，促进水利工程管理更加有序。

2. 拓宽水利安全经费渠道

资金保障问题一直是制约水利工程管理的瓶颈，尤其是小型水利工程处于"无人管、无钱管、无设备管"的局面。要彻底改变这一局面，必须建立稳定的安全管理经费保障机制，拓宽经费渠道，加大投入，逐步实现"政府负责、行业主导、部门协作、社会参与"的水利工程安全监管新机制，确保安全监管有底气。首先，市、县级水利部门在年初进行财政预算时要明确水利安全监管专项资金的数目、使用范围，加强对专项资金的监管；其次，要督促水利项目在建设时将安全生产项目经费列为必需开支，有效确保企业在安全生产上的资金投入，在对企业进行检查时要同时对安全生产专项资金的设置和使用情况进行检查；最后，可以探索在项目审批时提取安全生产押金，统一由属地水行政主管部门设立专项资金账户，并按照企业落实安全生产的实际结果，分步返还押金。

3. 加强依法行政和综合执法

建立全员普法教育和定期开展法治专题培训的长效机制，提高安全监管人员的能力水平。要按照执法标准化的要求记录好执法全过程，提升执法仪等设备的装配率，探索建立市、县级水行政与综合行政执法部门的协同配合机制；推进政府水治理事权规范化、法治化，强化地方政府区域内水安全保障工作职责，推进综合治水，多措并举开展水安全和水灾害防治；加强水行政执法监管队伍建设，构建效能化水行政执法体系，提高执法效力；建设信息化水平高的执法移动平台，将执法科技化。

4.探索工程建设与管理新体制

加快推进水利工程安全管理市场化，进一步开放水利建管领域，探索将水利安全管理结果纳入水利建设市场信息平台的守信激励、失信惩戒评价机制，利用市场机制增强企业安全管理力量。引入"第三方"对水利工程建设的各个环节的安全生产实行全过程监管，鼓励社会大众和媒体参与监督水利工程的建设和运行管理，建立起水利建设市场主体诚信档案库；进一步在推进水利工程标准化工地建设上下功夫，鼓励各工程项目法人对照水利部测评办法开展水利工程安全文明标准化工地创建系列活动，在工程建设与管理上不断创新举措，全方位提高水利监管单位、施工企业的安全管理水平。

（五）重视水利工程安全事故统计分析

一旦发生安全事故，便需及时查明事故的原因，避免此类事件重演。只有细致分析故障发生原因，才能提前做好防范工作。在遇到安全问题时，各部门需要成立专门的调查小组，针对事故发生的地点、原因等信息进行细致记录，深入分析事故发生的原因，及时排除隐患。

可使用分层法对事故原因进行分析，依据不同的事故类型进行统计整理，对事故的发生时间、地点和原因等情况进行细致记录，从而总结出具有针对性的预防措施。

（六）加强水利工程施工安全评价

1.安全评价的内容

安全评价又称风险评价，指借助相关工作原理及方法，分析并获取工程施工过程中可能存在的风险要素，并预判风险发生的概率和产生后果的严重程度，通过定量、定性分析，提出有效的风险控制措施。在进行水利工程施工安全评价时，既要注重安全评价的相关理论方法，又要结合水利工程现场的实际情况。

2.安全评价的方法

（1）定性评价

①专家评议法，指邀请多位专家对水利工程施工现场进行查看，借助专家的

知识和经验，通过讨论分析识别工程风险点，提出安全管理方面的措施。

②德尔菲法，指多位专家各自通过查看现场情况并在不沟通的情况下匿名提出个人意见，之后专家查看所有意见并进行商议，待商议结论趋于一致时提出安全评价结论。

③失效模式，即后果分析法，这是一种综合性评价方法，指先梳理水利工程施工过程中可能存在的失效模式，然后评估每项失效模式带来的后果的严重程度，进而针对性地制定安全管理措施。

（2）定量评价

①层次分析法，指将安全目标分解为多个目标，并进一步分解为多指标的若干层次，通过定性指标模糊量化方法算出层次的单个排序和总排序。

②模糊综合评价法，以模糊数学为基础，依据模糊数量中隶属相关理论把定性结果变换成定量数据。

③主成分分析法，指将影响水利工程安全性的影响因素根据相关性进行合并，依最终剩下的主要影响因素进行定量评价。

3.安全评价的原则

进行安全评价时应遵守以下原则。

①客观真实原则，安全评价的相关内容及数据必须真实且要来自工程一线，并要确保评价结果的客观性。

②独立公平原则，参与安全评价的专家应是客观的第三方，不应受工程方的任何干扰，并要确保评价结果公平公正。

③科学有效原则，安全评价的结果直接影响水利工程后续施工管理的全过程，必须确保评价方法科学正确，确保评价结果准确有效。

第二节　水利工程环境安全管理

一、环境安全管理概述

（一）环境安全的概念

美国学者莱斯特·布朗在其著作《建设一个可持续社会》中，首次将环境问题纳入安全概念，并提出将环境问题纳入国家安全概念。随后，多名学者发表著作就环境安全与国家安全的联系进行讨论。直至联合国环境与发展委员会于

1987 年发布《我们共同的未来》，报告中正式使用了"环境安全"一词，并提出安全的定义不仅应超越对国家主权的军事威胁，还应包括破坏国家社会生存发展条件的多个领域，如环境退化和生态破坏等。因为在环境资源匮乏以及经济发展对环境造成严重污染的情况下，人们注意到了环境与人类社会发展的重要联系，所以环境问题应当被纳入安全的研究领域。

环境安全概念具有复杂性。在生产技术性安全层面，主要关注由生产技术活动引发的环境污染和环境破坏对人的健康造成损害的安全问题。在社会政治性安全层面，主要关注环境污染和破坏等环境问题对国际社会或国家造成的安全问题。不过随着对人类与环境关系认识的深入，环境安全的概念在发生细微变化。人们开始在日益恶化的生存环境之中用环境安全一词进行表述，这种语境下的环境安全是先确认对环境因素本身的有害影响，再确定其对人体健康的有害影响，但是这也属于第一类环境安全问题。

环境安全并不仅指环境的安全，它是一种以人为主体而不是单纯以环境为主体的概念。当进行概念界定时，必须先从其本质出发。环境安全本质上也是一种安全，只是因对其中环境界定的理解不同产生了不同的定义。所以在理解环境安全的内涵时应当从"环境"开始。"环境"是与某一中心事物有关的周围事物。与生物的生活密切相关的外界诸因素的总体，又称"外部环境"。

环境科学角度下的环境是指人类的生存环境，是作用在"人"这一中心客体上的、一切外界事物和力量的总和，即围绕着人群的空间，以及其中可以直接或是间接影响人类生存和发展的各种天然的和经过人工改造过的自然因素的总体。

即使是不同角度下的环境的定义也都始终离不开"人"，即可以理解为当人或人群这样一个客体确定时，围绕该客体而存在的自然因素总和称之为环境。将环境的概念延伸至环境安全进行探讨时，我们会发现，如果环境安全将环境因素作为主体，那么讨论范围太过广泛，而且失去了人作为主体的环境安全，也只是单纯地从生态系统考虑环境问题，体现的是生态的价值，并没有体现人对环境价值的需求。即环境安全必须依附于一定自然环境和人类社会才能真正存在。

综合以上关于环境安全的讨论，可以理解环境安全所实现的安全主要包含两个层面：一是环境因素这一客体的安全；二是环境因素反作用于确定主体的回应机制始终处于安全状态，即可以将环境安全定义为人与自然因素的互动机制处于一种安全的状态，使人的生存和发展免于环境问题威胁。需要注意的是即使环境安全中含有环境因素的安全，但也并不等同于"环境的安全"。

（二）环境安全的发展

环境安全受到前所未有的重视，但环境安全到底指的是什么，"仁者见仁，智者见智"，目前还没有统一的定论，国内外众多专家学者各有见解。在国内，最具代表性的有：武汉大学环境法研究所教授蔡守秋认为，环境安全是指人类和国家甚至世界，依赖生存和开发的环境处于没有环境污染和破坏的安全状态。换言之，一个国家或世界处于良好状态，没有环境污染和破坏，这是广义上的环境安全定义。

环境安全同时是环境领域与安全领域交汇形成的一个综合概念，这是一门新兴科学。除了具有"环境"和"安全"属性的叠加概念外，主要是在环境领域形成对安全的影响。由于自然科学、人文科学和社会科学专业的学者对"环境"和"安全"的概念意见不一，于是形成了以下三种不同的观点。

①环境安全的第一要务是保护人类健康。主要针对人类生活生产安全、劳动安全和消费安全，即衣、食、住、行等，使人类生存和发展的地方避免遭受这些因素的污染、伤害和威胁。这种环境安全是技术安全，能够在人类生活和生产活动中利用宣传、管理等技术性措施来改进。

②环境安全的重点是确保社会稳定。近年来，世界局势动荡不安，暴力、冲突等层出不穷。为使国际形势平稳，通过限制这些政治活动，保证社会、国家和国际的稳定。这是一种社会属性的环境安全，只能通过国际社会联合立法来实现。

③环境安全意味着全球环境不会受到污染和破坏，人类赖以生存和发展的环境处于安全状态之中。地球环境事关人类的生存、安全和繁衍，能使人类与其他生物处于平等位置，能确保所有生命的生存繁衍。这是地球生态系统的生态安全，包括资源安全、食品安全、人体安全、生物安全、生产安全和社会生态系统安全。

（三）环境安全的本质特征

历史经验清楚地表明，人类的生存发展与外部世界息息相关，人类的生存环境是否安全，取决于人类能否和谐有序地从事生产活动，而环境安全的本质在于人与世界和谐相处，而不是竭泽而渔、肆意破坏。环境安全与国家政治安全和社会经济安全有着截然不同的属性，人为主观因素会造成截然不同的结果，一旦产生破坏性，其发展会是不可预料的，甚至会影响全球，比如亚马逊雨林的砍伐对世界环境安全的影响无法预计，任何对环境的重大持续破坏都是难以修复的。

学者们纷纷从不同的角度，研究和分析环境安全的特征。综合各学者的研究成果，环境安全主要有以下特点。

①作为国家安全的重要组成部分的环境安全，是一个国家政治、社会和经济安全的重要基础。它包括抗击并排除风险的能力，包括制定和采取政策措施从而实现保护生态环境和自然资源的目标。国家环境安全概念可分为广义和狭义两个部分。从广义上讲，是人类赖以生存发展的自然世界的总和，包括地球各处的地理位置、地形、气候等各种环境因素；从狭义上说，环境安全的概念实际上主要与人类活动引起的居住环境的变化有关。随着地球生态的日益破坏，全面或者综合安全的概念已不再局限于国家政治安全和军事安全的范围，还必然包括了经济安全和环境安全。国家环境安全如果出现风险将直接危害整个国家和民族的生存。

②无论是广义的还是狭义的环境安全观，环境问题引起的环境安全问题已经不单纯局限在某个国际内部，对世界的其他国家也会造成巨大影响。比如地球温度的提升、酸雨等造成的环境问题几乎影响到世界上的每一国家，危及整个人类的安全。

③按照马斯洛的需求层次理论，人类对环境安全的需求是最基本的需求。环境是人类赖以生存的基础，环境的安全是人类的基本需求。

④环境安全已经不仅仅是与自然相关的单一的环境安全，也不仅仅与单一国家简单相关，综合性环境安全问题已经逐渐融入国际政治、经济和外交等各个领域，逐渐成为全球性的综合问题。

⑤环境修复任务艰巨。人类对自然的索取无度，一旦超过自然的承受能力，问题就会骤然爆发；而一旦爆发，就要花费无法估量的财力、物力和人力去解决。更为重要的是，一旦部分生态环境遭到严重破坏，则难以逆转，无法修复。

⑥环境安全问题形式隐蔽，往往是历史的积累，在没有爆发真正的自然灾害之前，通常不能为人们所看到。如砍伐森林造成的泥石流只有在发生的那一刻才被人们所发现。

⑦过程非线性。环境安全问题是一个综合的积累。作为一个综合系统，是由社会、经济、人等诸多因素共同组合而成的，逐渐对环境系统产生逐一的不可逆的影响，甚至导致毁灭性的破坏。

（四）环境安全管理的手段

1. 行政干预手段

行政干预手段指行政机构以命令、指示、规定等形式作用于直接管理对象的一种手段。行政手段在水利工程的环境管理工作中的体现通常包括制定和实施与水利工程相关的环境保护标准、政策。

2. 法律手段

环境管理一靠立法、二靠执法。法律手段是环境管理的一种强制性措施。我国的环境保护法制规范主要包括宪法、环境保护基本法、环境保护单行法、环境保护行政法规和环境标准等。

3. 技术手段

许多环境政策、法律、法规的制定和实施都涉及科学技术问题，运用技术手段能实现环境管理的科学化。因此，环境问题能否得到解决，在很大程度上取决于科学技术是否先进、是否得到了很好的运用。

4. 经济手段

环境管理的经济手段就是利用价值规律，利用价格、税收、信贷等经济杠杆，调节水利工程建设者的行为。对那些损害环境的行为，要通过处罚等措施加以限制；对于那些积极治理污染的单位，要通过奖励等措施给予激励。

5. 宣传教育手段

为广泛宣传环境科学知识，可以通过广播、电视、电影等各种形式进行宣传教育，使水利工程建设者和相关人员了解环境保护的重要意义和内容，从而激发他们保护环境的热情和积极性，把保护环境变成自觉行动，制止破坏环境的行为。

二、水利工程环境安全管理的意义

水利工程建设中施工现场的环境管理是至关重要的。如果不对施工环境进行管理，就会影响到施工人员的生活质量，进而影响到施工人员的工作质量和整个水利工程建设的质量。后期对于环境再进行治理，需要的人力、物力、财力会超出正常环境管理的30%左右，进而造成不必要的经济损失。同时，若不对施工现场的环境进行管理，必将影响到周围住户的生活环境，造成一定的负面影响。综上所述，在水利工程施工现场进行环境管理，能够减少工程中的经济支出，同时还能够提高工程的质量，实现可持续发展的目标。

三、水利工程施工中的环境保护问题

（一）建筑垃圾产量比较大

水利工程企业在具体施工的时候，因为工程建设规模比较大，所以会产生较多的建筑垃圾，它们主要是固体废物，是从老建筑物拆除和施工中产生的。比如，水利水电工程在施工的时候要拆掉原本功能达不到要求的水利水电建筑物，容易产生很多混凝土固体垃圾或钢筋等。这些废物很难重复使用，只能使用强制性手段来销毁，从而影响生态环境的健康和良好发展。

（二）施工现场的噪声影响

水利工程企业在具体施工的时候，由于大面积地使用施工装置，比如，冲击钻、挖掘机和打桩机等，噪声污染严重。不同的施工装置带来的噪声污染有所不同。通过相关资料可以知道，水利水电工程在实际施工的时候会产生大约 85 dB 的噪声，这表明施工现场的噪声大于国家噪声的限值标准。由于水利水电工程项目大都建设在远离城市的郊区河流上，因此噪声污染对于人类的影响比较小，这也是水利水电和其他建筑施工的不同之处。但是噪声将会对施工人员构成威胁，很多年龄大一些的工人会出现听力下降的情况，这将对工作人员的身心健康造成不利影响。另外，河流是野生动物获取淡水资源的主要渠道，噪声污染将会迫使野生动物失去栖息地，从而破坏所在地区的生态环境。

（三）施工现场的粉尘影响

水利工程企业在施工的时候容易造成扬尘，这就会降低空气质量。施工现场的粉尘主要包括水泥、沙子和石灰等细小颗粒，工作人员在输送各种材料的时候，因为施工人员的操作和外界环境不够稳定，所以就容易造成建筑材料的粉尘或者细小颗粒传播到空气中，进而影响施工现场的空气质量和环境质量。

（四）水污染问题

水污染问题是水利工程施工建设过程中主要的问题之一。水利工程施工单位缺少完善的施工管理机制，导致水污染问题一直得不到妥善的解决。同时，在水利工程施工建设的过程中，施工人员的水资源保护意识比较差，随意将生活垃圾等丢弃到生态环境中，从而导致水资源受到污染。施工单位管理人员的环境保护意识比较淡薄，并且管理水平比较低，在进行施工现场管理时没有规范地要求处理施工中产生的垃圾，施工废水在没有经过处理的情况下就排放到河流中，从而导致水资源受到污染。

此外，由于水利工程的大规模修建，水流的流速降低，水中的氧含量达不到水生动植物生存的标准，从而导致大量水生动植物死亡，直接影响了水环境的生态平衡。动植物的大量死亡也会在很大程度上造成河流堵塞。

四、水利工程施工中的环境安全管理措施

（一）选择合适的建设地点

水利工程企业在正式建设和施工之前要做好当地环境的考察工作，确认好施工现场，然后全面地把握施工地的环境情况，特别是考虑当地是否存在地质断层或者地质状况不稳定的现象，这些环境要素都会不利于水利工程的施工和建设。因此工作人员要认真分析并且把握当地的环境状况。选择具体位置的时候还要尽可能地避开人员聚集地带，减少对周边环境的不利影响。

（二）配置符合环保标准的设备

配置符合环保标准的设备是实现生态环境保护的先决条件。施工过程中科学规划、合理布局，可以避免水利工程施工对生态环境造成的破坏。这就要求施工单位和当地政府统筹规划，加大相应资金的投入。

同时，施工过程中要实时监督，确保各方面工作的环保性，全面落实环保设备的科学配置。

（三）完善水利工程建设方案

水利工程企业在设计的时候应使用科学的设计模式，进一步完善设计方案，确保设计方案的可行性和经济性，选择最好的施工方案，这样可以进一步地提高水利工程的经济效益。工作人员在开展技术经济分析工作的时候，务必考虑工程的施工时长、工程质量和投入费用等，务必保证水利工程的质量，同时把成本压缩到一定范围。

（四）优化施工现场环境

1. 做好水环境的保护工作

第一，工作人员要设计专门的生活污水处理系统，并确保系统正常运行。第二，工作人员要监督工业废水处理系统的运用，保证工业废水处理系统有效使用。第三，水利工程企业要设置出厂房基坑排水通道，防止废弃泥浆直接排入江河里

面，施工场地要设置废弃性泥浆干化池，将废弃泥浆合理地干化，做好相应的处理工作之后，将其集中地输送到指定的渣场，并对其进行处理。

2. 做好大气环境的保护工作

水利工程企业在开展大气环境保护工作的时候，务必将半干法工作技术、闭路循环技术运用到砂石加工系统中，然后对每一个扬尘口进行科学有效的防尘处理。之后，工作人员要认真分析进场的施工设备类型，尽可能选择燃烧效率高的设备，或者是尾气净化配置比高的装置，确保设备运转的高效性。

3. 做好声环境的保护工作

水利工程企业在开展声环境保护工作的时候要合理地规划好各种运输线路，特别是要对生活区或办公区进行回避。如果要经过对噪声敏感的建筑物，那么工作人员要放低行驶速度，然后减少鸣喇叭的次数。对砂石加工系统进行布局的时候要远离居民地带，要及时地监测噪声问题，防止噪声污染对居民生活产生不利影响。

（五）建立生态环境补偿机制

水利工程的施工建设或多或少会对生态环境造成影响，为了避免这种影响，施工单位可以建立生态环境补偿机制。生态环境一旦遭受破坏，很难恢复到初始状态，因此施工单位必须重视对生态环境的保护。通过建立生态环境补偿机制，可以有效地提高生态环境的抵抗能力，避免遭受不可逆转的破坏。

（六）积极推广绿色环保技术

现阶段，随着我国建筑工程领域的不断发展与进步，越来越多的绿色建材和环保技术被应用到水利工程的建设施工中，从而满足了工程建设的环保需求。基于此，我们只有正确认识环保工作的生态价值，才能更加积极地推广和运用绿色环保技术。与此同时，建设施工单位也要注重绿色环保技术的融合与创新，结合工程实际情况进行技术创新，如构建鱼类洄游通道、生态森林公园等，由此推动水利工程生态价值的全面提升。

（七）建立有效的环保监管体系

我国需要建立一套有效的环保监管体系，管理部门应严格按照我国的环境监测标准，来进行动态的水利生态工程监管。在项目施工前，要对即将实施的水利工程项目严格把关，层层筛选，不疏漏任何问题，以优质的项目为前提，后期环境监测的工作才能持续高效，才能稳定地进行下去。与此同时，明确责任到人，对于管理层和基层施工人员都要明确各自的环保职责，本着"谁污染，谁治理；谁损坏，谁补偿"的原则，明确"破坏"与"补偿"的主体。同时配备相应的环境监测设备，进行实时的追踪与监管。对于实在无法避免的生态破坏，应在工程施工前预留出生态补偿准备金。

参 考 文 献

［1］黄晓林，马会灿．水利工程施工管理与实务［M］.郑州：黄河水利出版社，
2012.

［2］薛振清．水利工程项目施工管理［M］.北京：中国环境科学出版社，2013.

［3］张成才，杨东.3S 技术及其在水利工程施工与管理中的应用［M］.武汉：
武汉大学出版社，2014.

［4］祁丽霞．水利工程施工组织与管理实务研究［M］.北京：中国水利水电出
版社，2015.

［5］梁建林，闫国新，吴伟，等．水利水电工程施工项目管理实务［M］.郑州：
黄河水利出版社，2015.

［6］周长勇，杨永振，曹广占．水利工程施工监理技能训练［M］.郑州：黄河
水利出版社，2015.

［7］刘建伟．水利工程施工技术组织与管理［M］.郑州：黄河水利出版社，
2015.

［8］林彦春，周灵杰，张继宇，等．水利工程施工技术与管理［M］.郑州：黄
河水利出版社，2016.

［9］王海雷，王力，李忠才．水利工程管理与施工技术［M］.北京：九州出版社，
2018.

［10］王东升，徐培蓁．水利水电工程施工安全生产技术［M］.徐州：中国矿
业大学出版社，2018.

［11］高明强，曾政，王波．水利水电工程施工技术研究［M］.延吉：延边大
学出版社，2019.

［12］陈雪艳．水利工程施工与管理以及金属结构全过程技术［M］.北京：中
国大地出版社，2019.

［13］谢文鹏，苗兴皓，姜旭民．水利工程施工新技术［M］.北京：中国建材
工业出版社，2020.

［14］王朝宇.水利工程施工管理控制的影响因素与解决措施分析［J］.地下水，2020，42（06）：262-263.

［15］曾晓兰.浅谈水利工程施工管理的重要性和对策措施［J］.科技风，2020（31）：193-194.

［16］旦增次旺，次琼，普布曲珍.水利工程施工管理现状和改善策略［J］.城市建筑，2020，17（29）：189-190.

［17］孙娟.水利工程施工管理中常见问题及施工质量管理对策分析［J］.黑龙江水利科技，2020，48（08）：202-204.

［18］王丽波.分析水利工程施工管理中的问题及改进策略［J］.中国新通信，2020，22（15）：227.

［19］吕嘉俊.水利工程施工管理特点及施工质量控制策略［J］.建材与装饰，2020（20）：289.

［20］程留艳.现代化水利工程施工管理对策分析［J］.河南水利与南水北调，2020，49（06）：69-70.

［21］杜永平.水利工程施工管理的重要性及其发展前景探究［J］.农业科技与信息，2020（09）：112-114.

［22］齐凯.水利工程施工管理的质量控制［J］.河南水利与南水北调，2020，49（04）：69-70.

［23］陈成.加强水利工程施工管理的必要性探究［J］.居舍，2020（12）：112.

［24］何斌.水利工程施工管理的现状及对策探讨[J].绿色环保建材，2020(04)：214.